高等职业教育课程改革项目研究成果系列教材

物联网系统集成项目式教程

（第2版）

主　编　金佳雷

副主编　孙华林　何雅琴

主　审　顾卫杰

参　编　杨宝华　曹　帅

　　　　余　宏　陈国栋

北京理工大学出版社

BEIJING INSTITUTE OF TECHNOLOGY PRESS

内 容 简 介

本书依托企业真实项目，全面介绍了物联网系统集成工程管理与应用。通过网络系统集成、网络综合布线系统、物联网工程技术三个项目，培养学生综合应用物联网技术开发传感器网络技术的智能应用系统的相关能力。

本书遵循学生职业能力培养的基本规律，项目设计精心巧妙，涵盖的知识点系统性强。

本书既可作为高等职业技术学院、成人高校的教材，也可作为从事物联网相关工作人员的参考用书。

图书在版编目（CIP）数据

物联网系统集成项目式教程 / 金佳雷主编. --2 版
. --北京：北京理工大学出版社，2021.6（2021.10重印）
ISBN 978-7-5763-0033-8

Ⅰ. ①物… Ⅱ. ①金… Ⅲ. ①物联网–高等职业教育
–教材 Ⅳ. ①TP393.4②TP18

中国版本图书馆 CIP 数据核字（2021）第 136331 号

出版发行 / 北京理工大学出版社有限责任公司
社　　址 / 北京市海淀区中关村南大街 5 号
邮　　编 / 100081
电　　话 /（010）68914775（总编室）
（010）82562903（教材售后服务热线）
（010）68944723（其他图书服务热线）
网　　址 / http://www.bitpress.com.cn
经　　销 / 全国各地新华书店
印　　刷 / 三河市天利华印刷装订有限公司
开　　本 / 787 毫米×1092 毫米 1/16
印　　张 / 9.5
字　　数 / 225 千字
版　　次 / 2021 年 6 月第 2 版 2021 年10月第 2 次印刷
定　　价 / 35.00 元

责任编辑 / 陈莉华
文案编辑 / 陈莉华
责任校对 / 刘亚男
责任印制 / 施胜娟

图书出现印装质量问题，请拨打售后服务热线，本社负责调换

前　言

物联网是工业互联网、智能家居、新一代信息技术的重要组成部分，是继计算机、互联网之后全球信息产业的第三次浪潮。物联网为我们提供了感知中国与世界的能力，也为信息技术创新与信息产业发展提供了一个前所未有的机遇。

无线传感器网络技术是物联网的核心技术之一，其理论和关键技术的研究是当前的一个热点，其原理及技术的应用已经应用到国民生产和生活的各个方面。

长三角是托起当代中国制造业的擎天柱，制造业的信息化改造，尤其是引入物联网技术是今后一段时间制造业发展的必由之路。

本书中的物联网系统集成技术主要是在前期课程的基础上，综合运用物联网的感知、网络、应用三层模型，设计出符合高职教学要求的教学项目，按照这一教学项目的“设计—开发—集成”三个流程来组织教材内容，分别设计了“物联网系统集成”“网络综合布线系统”“物联网工程技术”三个子项目，其中，第一个子项目培养学生对物联网系统集成能力的应用规划与设计的能力，使学生熟悉物联网系统集成的体系结构、设计方法与步骤等知识；第二个子项目培养学生基于有线网络的组建与维护，以及施工管理能力的培养；第三个子项目培养学生基于物联网系统的移动监测、应用环境的安装和设置。

为了将本书的教学内容以多种形式展现给广大师生，编写组制定了课程标准，编写了学习指南，制作了多媒体课件、演示动画和操作视频，形成了一套完整的教学资源。需要的教师和学生可参阅职教云 https://zjy2.icve.com.cn/teacher/mainCourse/mainClass.html?courseOpenId=jtjsabys9zbee365f5ozaq。

本书由常州机电职业技术学院的金佳雷担任主编，孙华林、何雅琴担任副主编，顾卫杰院长担任主审，该院的杨宝华、曹帅、余宏等老师参加了部分内容的编写工作。同时，常州市科晶电子有限公司的白文新高级工程师、上海宁致信息技术有限公司的陈国栋经理也参与了教材的编写，并提供了项目资源与技术指导。在此，向他们一并表示谢意。

由于编者水平有限，书中难免存在疏漏和不足之处，恳请读者批评指正。

目　录

项目一

网络系统集成

物联网系统集成即在物联网工程中根据应用的需要，运用系统集成方法将硬件设备、网络基础设施、网络设备、网络系统软件、网络基础服务系统、应用软件、无线传输介质等组织成为一体，使之组建成一个完整、可靠、经济、安全、高效的计算机网络系统的全过程。从技术角度来看，物联网系统集成是将计算机技术、网络技术、控制技术、通信技术、应用系统开发技术、建筑装修等技术综合运用到网络工程中的一门综合技术。一般包括：① 前期方案；② 线路、弱电等施工；③ 网络设备架设；④ 各种系统架设；⑤ 网络后期维护。

任务一 课程准备

一、课程性质及定位

“物联网系统集成”是物联网应用技术专业的专业必修课程。本课程以系统工程的生命周期观点来进行教学，涉及网络的需求分析、规划与设计、组织实施、设备选型与拓扑规划、运行与管理、测试与升级的完整的生命周期。

课程准备

“物联网系统集成”是采用校企合作、基于工作过程系统化的课程开发方法形成的一门集教、学、做于一体的课程。

二、课程衔接与配合

物联网技术概论、RFID 技术应用、网络设备配置与管理、物联网应用系统开发后续课程，物联网系统集成实训、毕业设计。

三、本课程在课程体系及岗位中的作用

针对职业岗位中核心典型工作任务，培养学生会用合适的工程设计方法、合适的施工手段，根据传感网络件的技术要求组建传感网络，做好数据记录，并能对传感网异常现象提出改进措施的特有职业能力。本课程有助于帮助毕业生在未来职业生涯中建立起强烈的产品质量意识，为向高层次的物联网管理与设计员等岗位迁移提供可持续发展能力。本课程的开发对提高物联网专业人才培养质量、提升毕业生就业能力与就业质量具有重要意义。

四、课程目标（知识、能力、素质）

（1）知识目标，如图 1－1－1 所示。

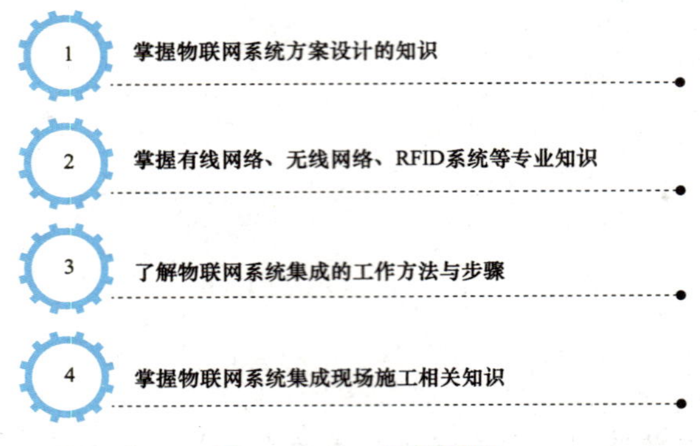

图 1－1－1　知识目标

（2）能力目标，如图 1－1－2 所示。

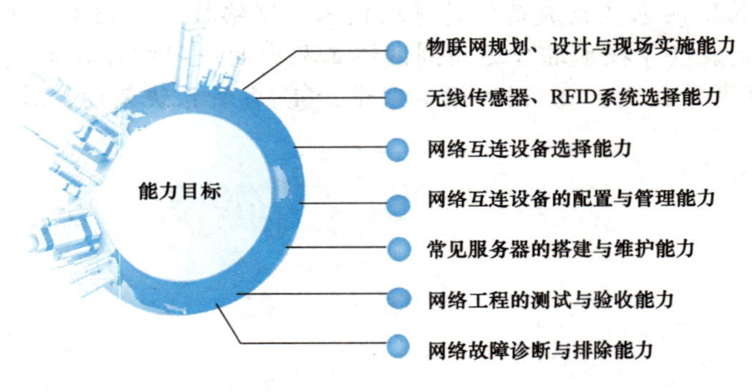

图 1－1－2　能力目标

（3）素质目标，如图 1－1－3 所示。

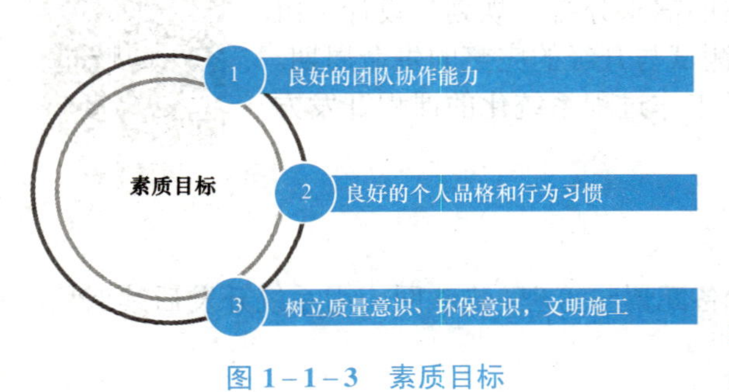

图 1－1－3　素质目标

五、课程设计与建设

（一）课程设计理念及思路

（1）以培养学生从事物联网系统集成、网络管理与维护工作岗位所需的知识与技能为中心来组织教学。

（2）采用案例教学法来加强学生理解网络应用能力，采用启发式教学方式来提高学生学习的参与性。

（3）课程实验采用任务驱动法，以物联网系统集成在实际工作、生活中的应用来安排课程实验。

（二）教学内容选取

教学内容选取，如图 1－1－4 所示。

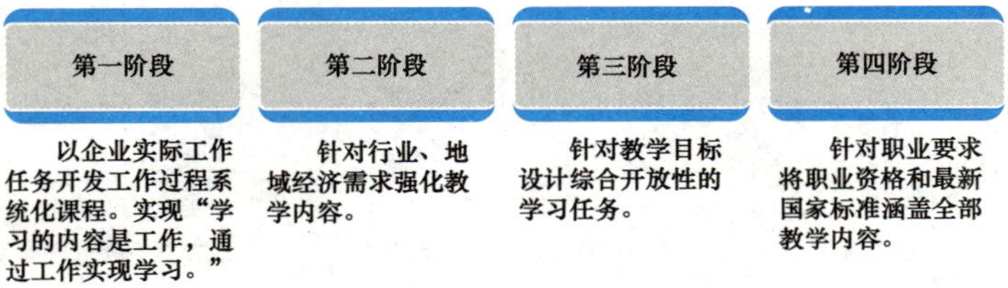

第一阶段

以企业实际工作任务开发工作过程系统化课程。实现“学习的内容是工作，通过工作实现学习。”

第二阶段

针对行业、地域经济需求强化教学内容。

第三阶段

针对教学目标设计综合开放性的学习任务。

第四阶段

针对职业要求将职业资格和最新国家标准涵盖全部教学内容。

图 1－1－4　教学内容选取

（三）总体教学设计

总体教学设计，如表 1－1－1 所示。

表 1－1－1　总体教学设计

教学单元	教学内容	学习目标	参考学时
1. 网络系统集成概述	（1）网络系统集成的基本概念 （2）网络系统集成的基本过程	培养学生掌握网络系统集成的内容，掌握网络系统集成的方法和步骤	4
2. 结构化综合布线技术	（1）网络综合布线的工程技术 （2）常用器材与工具 （3）网络工程的设计规范 （4）网络工程的验收规范 （5）网络工程配线的端接技术 （6）图纸设计（viso 2007） （7）工作区子系统的工程技术 （8）工作区信息点的图纸设计 （9）水平子系统的工程设计 （10）水平子系统的图纸设计 （11）垂直干线子系统的工程技术 （12）建筑群子系统的工程技术 （13）设备间子系统工程技术 （14）管理间子系统工程技术 （15）设备间、配线间设备图纸设计 （16）网络布线施工的整体设计	结构化综合布线的工程设计，工作区子系统的设计，水平干线子系统的设计，管理间子系统的设计，垂直干线子系统的设计，设备间子系统的设计，建筑群子系统的设计，智能大厦和智能小区综合布线	38
3. 物联网工程技术	（1）无线网络监控设置方法 （2）GT2440 嵌入式开发系统介绍 （3）ADS 集成开发环境的使用 （4）LED 驱动程序编写及测试 （5）蜂鸣器测试 （6）串口测试	具有从事无线传感网、RFID 系统、局域网、安防监控网等工程施工、安装、调试、维护等工作的业务能力，成为具有良好服务意识与职业道德的系统集成技术员、工程现场管理员、项目主管及辅助设计等高素质技能型专门人才	22

（四）教学模式设计

教学模式设计，如图 1－1－5 所示。

（五）课程教学评价设计

课程教学评价设计，如图 1－1－6 所示。

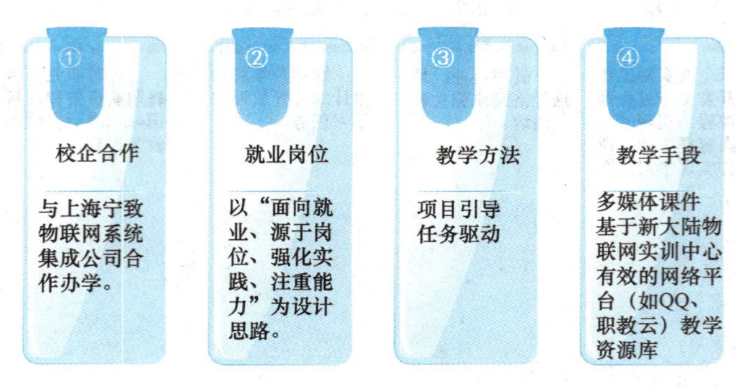

图 1－1－5　教学模式设计

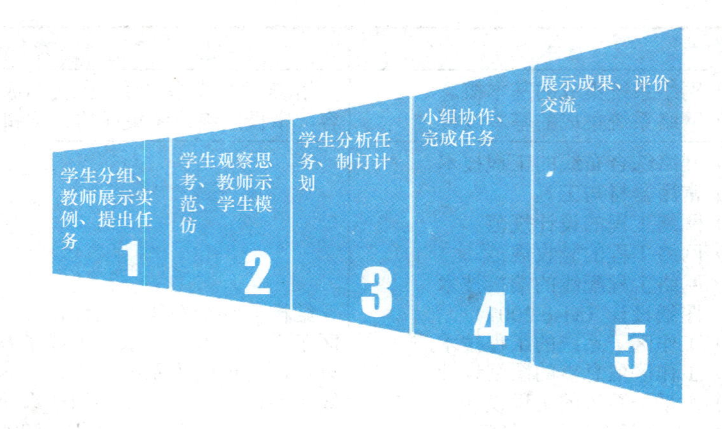

图 1－1－6　课程教学评价设计

（六）教学资源设计

教学资源设计，如图 1－1－7 所示。

图 1－1－7　职教云课程网站

任务二　认识网络系统集成商

【目标】

（1）能够认识网络系统集成商的角色。

（2）能够明白网络系统集成的体系框架、流程及人员组成。

（3）能够根据客户需求规划网络并分析项目成本和效益。

（4）能够制订项目计划、人员分配和实施项目。

认识网络系统集成商

【工作任务】

（1）认识网络系统集成商。

（2）认识网络集成项目体系框架、人员组成及管理。

（3）网络系统集成需求分析与项目规划。

（4）网络系统集成项目质量控制与成本及效益分析。

（5）网络系统集成项目进度计划、实施、监理及验收。

【相关知识】

一、认识网络系统集成商

竭诚公司新建立了一幢 8 层高的办公楼，现在，要完成此办公楼的计算机网络组建。公司的陆总责成网络技术中心的技术经理陈勇来负责这项工作的开展。

陈勇接到任务后，进行了办公地点的现场调研和业务需求分析，准备了一份这幢办公楼计算机网络组建的需求报告，并举办了工程招标会。中标单位为上海宁致科技有限公司（简称宁致）。

上海宁致科技有限公司是一家专业从事网络产品分销、网络综合布线、弱电智能化系统和计算机系统集成的高科技企业。宁致的企业目标是成为“中国最专业的增值分销商和 IT 服务商”，将最优秀的网络安全、网络管理、整体弱电智能应用方案提供给用户。在供应商渠道方面，宁致与国内外众多知名网络设备、布线产品厂商建立了紧密的合作伙伴关系：是 Cisco、H3C、Intel、友讯 D－Link、NETGEAR（美国网件）华南区授权代理商；是 Commscope（AVAYA）、AMP 授权专卖店；是 Belden/CDT（IBDN）、Panduit、德国 Harten 综合布线产品华南区总分销；IBM 机柜、HP 机柜、图腾机柜、金盾机柜的华南区专营；是 NEC、西门子、国威语音程控交换机特约集成商；是三星、松下、泰科安防系统集成商；是 Honeywell、江森等楼宇自控产品增值集成商。本工程监理为云南致信监理有限公司。

注：计算机网络系统集成商应具备以下专业资质。如图 1－2－1 所示为通信信息网络系统集成企业资质证书、图 1－2－2 为产品授权书、图 1－2－3 为工程设计资质证书、图 1－2－4 为×××品牌经销商认证证书。除此之外还应具有营业执照、税务登记等相关资质。

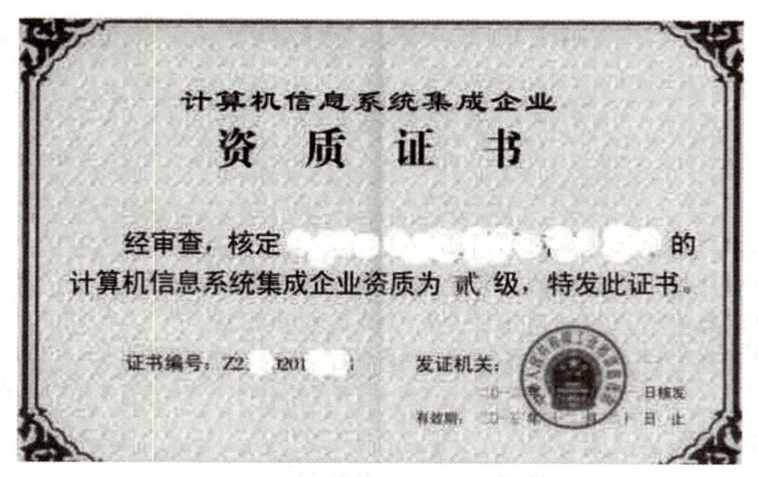

图 1－2－1　通信信息网络系统集成企业资质证书

图 1－2－2　产品授权书

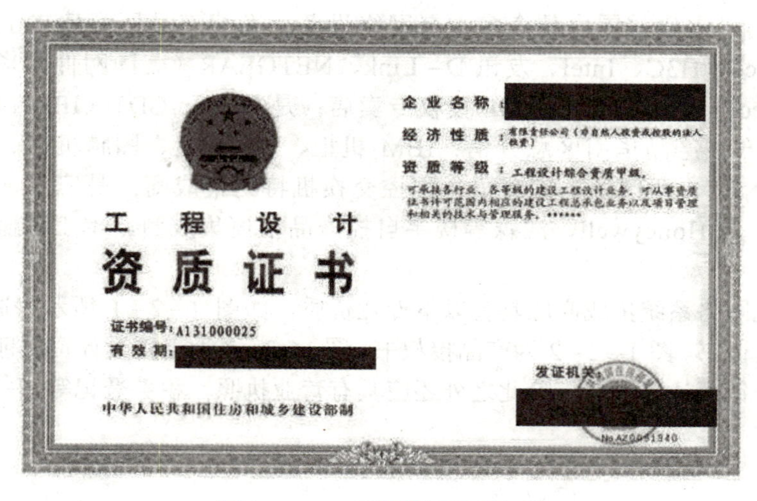

图 1－2－3　工程设计资质证书

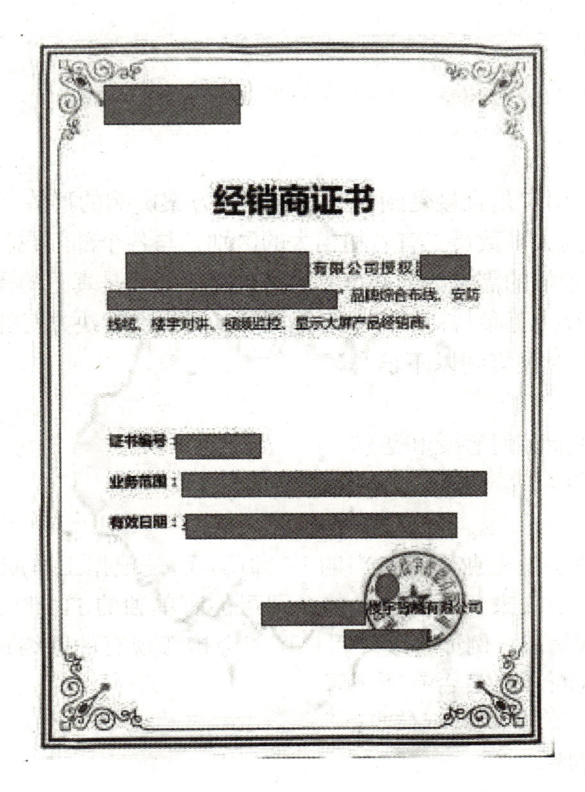

经销商证书

有限公司授权

” 品牌综合布线、安防线缆、楼宇对讲、视频监控、显示大屏产品经销商。

证书编号：

业务范围：

有效日期：

楼宇智能有限公司

图 1-2-4　XXX 品牌经销商认证证书

二、认识网络集成项目体系框架、人员组成及管理

现在一家名为春天的小型多媒体制作公司雇用你为他们升级 IT 资源。该公司主要为当地企业制作印刷广告。近来，他们的客户群体得到了极大的发展，客户对交互式广告媒体（包括视频演示）的需求也越来越多。该公司意识到此新兴市场的商业潜力，因此雇用你来审核他们现有的 IT 资源并给出改进方案，使公司能够在该新兴市场中占据优势。合伙双方表明，如果你提出的方案满足他们的要求，他们可能会让你的公司专门负责实施和管理这些新的资源。

步骤 1：收集信息并确定客户需求

从与关键人物交谈来入手是收集信息的一个好办法。可首先与公司内部的重要人物进行会谈，了解他们的需求。这些人一般分为三类：经理、最终用户和 IT 部门。每一群体都可提供相当有价值的信息。

经理——经理可回答与预算、期望值和未来规划有关的问题。任何 IT 解决方案都必须考虑公司未来在员工人数或采用技术方面的发展规划。经理还可提供一些有关公司政策的信息，这些信息可能对建议的解决方案产生影响。政策可包含诸如访问、安全和隐私等方面的要求。

通常，可从经理处收集到的信息包括：

（1）预算。

（2）需求和期望值。

（3）限制。

（4）人员配备。

（5）未来的发展。

最终用户——最终用户是直接受到你所设计解决方案影响的群体。尽管经理也属于最终用户，但他们的需求往往与大多数员工有着相当大的区别。与各个部门或各个工作区域尽可能多的员工进行沟通，以确定他们的需求。同样重要的是确定哪些才是真正的需求，而不是臆想。站在客户服务的角度来说，让员工参与初始讨论可提高员工对最终解决方案的理解和接受程度。

通常可从最终用户处收集到以下信息：

（1）需求和期望值。

（2）目前对设备性能有何感受和想法。

（3）使用的应用程序。

（4）工作方式。

IT 部门——大多数小型企业没有专门的 IT 部门，而是根据工作职责和专业知识，将相关工作安排给一个人或几个人来负责。较大的公司可能有单独的 IT 部门。处理 IT 事务的员工可为你提供更多的技术信息。例如，最终用户可能会抱怨现有的网络速度变慢，而 IT 人员则可提供技术信息供你判断性能是否有所下降。

通常可从 IT 部门处收集到以下信息：

（1）使用的应用程序。

（2）工作模式。

（3）硬件资源。

（4）网络基础架构（物理和逻辑拓扑结构）。

（5）网络性能和问题。

春天多媒体公司信息：

公司规模非常小，所以没有设置 IT 部门。每个人负责维护自己的资源。如果他们自己无法解决问题，则会寻找外部的维修人员。所有机器都使用 5 类电缆通过 100 Mbps 交换机连接在一起。经理及他们的秘书均使用带 1 GB 内存和 500 GB 硬盘的 i3 处理器的计算机。所有系统运行的都是 Windows XP 操作系统。办公室计划进行重组，将招进一些负责视频制作这一新工作的员工。该公司将具有以下几类员工：

行政经理（目前为秘书）——其职责包括：安排工作计划、招聘和管理兼职员工、周薪支付和项目跟踪。行政经理使用电子表格和数据库软件，而且必须能够使用 ISP 提供的电子邮件。

影像制作编辑——需要使用特殊编辑软件处理高分辨率图像。该软件至少需要 4 GB 的内存才能有效运行，它还会与使用计算机 PCI 插槽的视频采集卡交互。目前，该专用软件只能在 Windows XP\2000\2003\2007 环境中使用。为此职位购买的计算机必须支持高分辨率视频，而且具有足够的内存以便编辑能高效工作，这两点非常重要。制作编辑需要制作影片的最终版，交货时间通常都非常紧迫。他必须能够使用 ISP 提供的电子邮件。

剧组人员——另外六个员工是移动员工，包括两名制作助理、两名摄像师、一名制作经理和一名导演。他们平均每周有两天待在办公室，其余时间要么跟客户在一起，要么就在影片拍摄点。无论身处办公室内外，所有移动员工都必须能够访问电子邮件和制作计划。因此，他们需要能够从任何位置连接到办公总部。他们没有特殊的软件需求，但确实需要大容量硬盘来存储制作的影片文件。移动员工没有固定的工作位置，可能无法每次都能找到可用的数据端口。所以他们必须以无线的方式连接到内部网络。

行政经理需要处理某些敏感文档和记录，所以必须在经理办公室中安装一台专用的彩色激光打印机。此外，还需购买复印/打印一体机和高分辨率扫描仪供全体员工使用。

出于培训和兼容性的需要，所有计算机应尽量使用相同的操作系统和应用程序。

目前尚未确定完成此项目需要多少预算。公司转向该领域的目的是让公司不致倒闭，因此实施项目的费用越低越好。

办公室平面图：如图 1－2－5 所示。

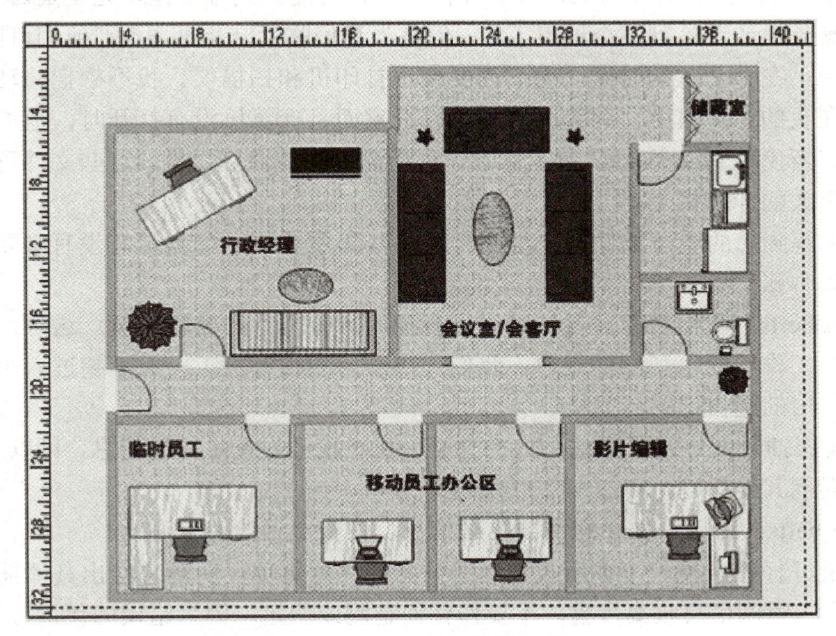

图 1－2－5　办公室平面图

解决方法：与行政经理交谈。

Susan Roberts：我是春天多媒体公司的新任行政经理。感谢您帮助我们策划 IT 需求，我想和您聊聊这方面的问题。据我所知，您已收到一份我们预计的员工配备表，以及他们如何使用计算机的一些信息。我有一些细节问题想和您探讨一下，这些资料可能对您而言非常重要，因为您将会为新办公室选择设备和介质。

你：Susan，很高兴见到您。是的，我确实收到了一封信，上面列出了重新设计后的办公室将会有哪些类型和数量的员工。我的理解是办公室中一共会有八名员工：两个办公室职员和六个移动工作人员。您就这些工作人员如何使用网络而提供的任何信息，都可以帮助我更好地为贵公司的本地网络规划方案。

Susan Roberts：Fred Michaels 是影像制作编辑。他和我在正常工作时间内都会待在办公室中。我们需要访问 ISP 那里收到的电子邮件。他们提供的电子邮件系统使用 Web 客户端，我们可通过 Internet 来进行访问。我们也可以从家里的计算机访问这个电子邮件。我俩之间，以及我们与移动工作人员之间需要能够共享文件。这些文件一般是电子表格和文档，但有时候在快到交货期限时，移动工作人员和办公室之间会来回发送一些比较大的影片文件。无论是在白天还是在晚上，大家离开办公室后，都必须能够下载这些文件。这些影片文件的大小通常在 512 MB 到 3 GB 之间。

你：我收到的信息中说到您需要一台共享打印机。您打算怎么使用这台打印机？

Susan Roberts：我们希望这是一台带有复印功能的彩色打印机。我们估计这类打印机会比较贵，所以有必要让办公室内的每个人员都能使用这台机器打印。有些影片的情节提要文档超过 100 页，而且配有很多图。

你：移动工作人员待在办公室的时间有多少？他们在办公室时，都需要访问哪些内容？

Susan Roberts：我们的移动工作人员任何时候都可能回到办公室，无论是白天还是晚上。他们通常离家外出或者是到某个地点工作，但是当我们临近交货期限时，他们可能 24 小时都待在办公室中。在办公室的时候，他们需要使用打印机和扫描仪。我不想把移动工作人员用到的文件放在我的计算机上，因为当我不在办公室而且计算机没有打开时，他们可能需要用到这些文件。当我和 Fred 在办公室工作时，我还需要与他共享文件。这些文件可保存在我和他当中某一个人的计算机上。

你：我了解到您的电子邮件账户是 ISP 通过 Web 提供的。您觉得有没有必要在本地设置 Web 或电子邮件账户？

Susan Roberts：我们在有需要的时候还会雇用一些临时的兼职人员。这时，我们希望能够为他们设置工作用的电子邮件账户。我们一次雇用的临时员工一般不超过六个。这些人都是在家工作，用的是自己的计算机。

你：谢谢您抽时间让我了解这些人的住处。我想我已收集足够的信息，可以着手开始了。如果当中我遇到其他问题，可以与您联系吗？

Susan Roberts：可以。如果您需要什么信息，请打电话给我。谢谢！

此时，最好仔细审视一下你所收集到的信息和注意事项，明确总结出具体需求。若还有不清楚的地方，返回信息收集步骤。不要作任何猜测或假定，因为错误的代价可能非常高昂。

步骤 2：选择适当的服务和设备

收集完所有必需的信息后，是时候进行一些研究了。你现在必须运用所学的知识和研究技能，根据有限的预算和时间要求规划出适当的技术解决方案。设计一份超出财政承受能力的解决方案无甚益处。但是，你可设计一份符合当前预算的解决方案，然后提供一些可改进网络性能或效率的建议，以便在有额外资金时实施。如果你可证明这些额外费用的合理性，公司可能会考虑在今后实施，甚至设法筹措所需的额外资金。

设计方案时，较简单的方法是从最终用户开始，然后回溯到网络和任何共享资源，最后与 Internet 或其他网络的任何外部连接。人们设计了各式表格来帮助规划和选择设备。你可使用此类表格或自行设计一份表格来保持条理性。

选定最终用户系统后，便应该审视工作流程并确定用以支持该流程的所有共享组件和网络技术。例如共享打印机、扫描仪和存储器，以及路由器、交换机、接入点和 ISR 等。规划网络基础架构时，必须将未来的发展变化考虑在内。规模较大的公司通常会在这方面投入巨大的资金，因此其基础架构应能运作 10～15 年。对于小公司和家庭用户，投入的资金相对较少，变更的频率也更高。

步骤 3：规划安装

选定设备并计划好所需的服务后，便应着手进行物理和逻辑安装。物理安装包括设备和装置的位置，以及这些设备的安装方式和安装时间。在企业环境中，务必尽量减少对正常工作的干扰。因此，大多数安装、更改和升级都是在业务活动较少的时候进行。对于家庭环境，这一因素不太重要，但仍应加以考虑。物理安装还应考虑电源插座是否足够、通风是否良好以及所需的数据点位置等事项。

步骤 4：准备和提交建议书

你必须有效组合所有收集到的信息和推荐的技术解决方案，使要求你提供解决方案的公司或个人能够清晰地了解你要传达的信息。对于小型企业和家庭市场，通常一份清晰明了地列出关键点的摘要报告便已足够。对于企业级市场，此过程变得更具结构化和规范性。正式报告一般包含多个不同部分，包括：

（1）封页说明。

（2）标题页和目录。

（3）执行摘要。

（4）项目方案，包括需求陈述、目的和目标、方法和时间表、评估、预算概要、详细预算、未来的资金投入计划。

（5）附录信息。

此报告通常需要提交多个群体以供审批。陈述报告时，需以自信、专业、热诚的态度进行。还应针对目标受众选择得体的着装。报告和陈述在技术上必须准确，不含拼写和语法错误。在正式陈述之前，务必校对一遍你的报告和陈述稿，并让你的同伴再审阅一次。如果建议书或陈述做得很糟糕，那么再优秀的技术解决方案也无法通过。

步骤 5：安装和配置网络

建议书被个人或公司接受后，便可进行安装。此阶段也必须作细致周到的规划。如果能在安装前预配置和测试设备，则可节约大量的时间，同时减少故障发生率。

步骤 6：测试和排除故障

安装期间，必须尽可能多地在各种不同情况下对网络进行测试。使用大多数操作系统和网络设备附带的各种故障排除工具，确保网络设备在其即将应用的常规工作流程中能够按预期运作。记录下所有测试。

步骤 7：归档和签核

当客户表示解决方案与你承诺的一致，并对其感到满意时，便可作出签核。佣金通常也是在此时交付。许多内部的 IT 部门也需要在完成的工作符合最终用户要求时进行签核。签核时，需一并提交性能和测试报告的印刷副本及配置信息。对于大型网络，签核时需提交的信息更多，通常包括物理和逻辑拓扑图。

三、总结

1. 网络系统集成的基本过程

（1）网络系统规划和需求分析。

（2）逻辑网络设计。

（3）物理网络设计。

（4）投标和合同的签署。

（5）分包商的管理及布线工程。

（6）设备订购和安装调试。

（7）服务器的安装和配置。

（8）网络系统测试。

（9）网络安全和网络管理。

（10）网络系统验收。

（11）培训和系统维护。

2. 计算机网络系统集成角色划分

（1）用户是指出资进行网络系统建设的机构或企业，是网络系统集成服务的对象。

（2）系统集成商是指为用户的网络系统提供咨询、设计、供货、实施及售后维护等一系列服务的公司实体，是系统集成活动的主要执行者。

（3）产品厂商是指设计、生产系统集成项目中所选用产品的生产厂家。

（4）供货商是指为系统集成商直接提供集成项目相关产品的企业，如某种产品的代理商、经销商等。

（5）应用软件开发商是指从事用户应用软件开发的专业公司，有些系统集成商也有自己的软件开发部门，兼具应用软件开发商的角色。

（6）施工队是指专门从事计算机网络布线相关业务的施工队伍。

（7）工程监理是指在系统集成项目中专门对设计、施工、验收等活动进行质量检查和控制的机构或公司，常见于一些大中型项目。

【练习题】

1. 利用本课程和其他可用资源，为春天多媒体公司选择提供连接的本地 ISP。这家 ISP 需要提供 DNS 和 Web 邮件服务，而且在 99.999%的时间内都必须能够正常运行，从而使人们能够访问内部 FTP/电子邮件服务器。因为你是 AnyCompany 公司唯一的 IT 人员，所以该 ISP 必须能够提供高层次的技术支持。针对多家本地 ISP 列一张对比工作表，需将成本也包括在内。(在中国电信、中国联通、中国移动中选择)

2. 使用提供的平面图和其他适用的信息，规划所有设备数据点和电源插座的物理布局。与规划网络和设备的物理布局同等重要的是规划逻辑布局。这包括寻址、命名、数据流和安全措施之类的事项。服务器和网络设备应指定静态 IP，以便这些设备在网络上能够被轻松识别，同时也提供了一种控制对这些设备的访问机制。其他大多数设备都可利用 DHCP 来动态分配地址。

任务三　物联网体系架构

【目标】

（1）理解物联网的体系结构。

（2）掌握物联网的层次结构。

【工作任务】

（1）学习物联网的体系结构。

（2）学习物联网的三层结构。

物联网体系架构

【相关知识】

一、物联网的体系结构

物联网是新一代信息技术的重要组成部分。其英文名称是“The Internet of things”。由此，顾名思义，“物联网就是物物相连的互联网”。这有两层意思：第一，物联网的核心和基础仍然是互联网，是在互联网基础上的延伸和扩展的网络；第二，其用户端延伸和扩展到了任何物品与物品之间，进行信息交换和通信。物联网就是“物物相连的互联网”。物联网通过智能感知、识别技术与普适计算、泛在网络的融合应用，被称为继计算机、互联网之后世界信息产业发展的第三次浪潮。“感知层、网络层（传输层）、应用层”是组建物联网的三层体系结构，如图 1–3–1 所示。

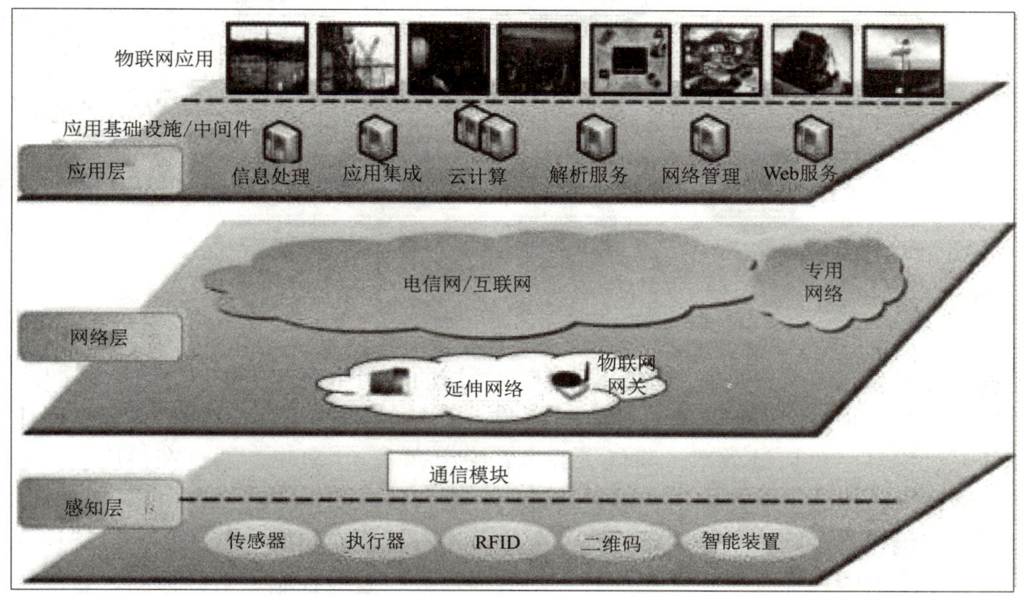

图 1–3–1　物联网体系结构

二、物联网的应用

物联网概念是在互联网概念的基础上，将其用户端延伸和扩展到任何物品与物品之间，进行信息交换和通信的一种网络概念。其定义是：通过射频识别（RFID）、红外感应器、全球定位系统、激光扫描器等信息传感设备，按约定的协议，把任何物品与互联网相连接，进行信息交换和通信，以实现智能化识别、定位、跟踪、监控和管理的一种网络概念。物联网的应用范围如图 1–3–2 所示。

1. 物联网在工业领域中的应用

工业是物联网应用的重要领域。具有环境感知能力的各类终端、基于泛在技术的计算模式、移动通信等不断融入工业生产的各个环节，可大幅提高制造效率，改善产品质量，降低产品成本和资源消耗，将传统工业提升到智能工业的新阶段。

图 1-3-2　物联网的应用范围

从当前技术发展和应用前景来看，物联网在工业领域的应用主要集中在以下几个方面：

制造业供应链管理物联网应用于企业原材料采购、库存、销售等领域，通过完善和优化供应链管理体系，提高了供应链效率，降低了成本。空中客车（Airbus）通过在供应链体系中应用传感网络技术，构建了全球制造业中规模最大、效率最高的供应链体系。

生产过程工艺优化物联网技术的应用提高了生产线过程检测、实时参数采集、生产设备监控、材料消耗监测的能力和水平，使生产过程的智能监控、智能控制、智能诊断、智能决策、智能维护水平不断提高。钢铁企业应用各种传感器和通信网络，在生产过程中实现对加工产品的宽度、厚度、温度的实时监控，从而提高了产品质量，优化了生产流程。

产品设备监控管理各种传感技术与制造技术的融合，实现了对产品设备操作使用记录、设备故障诊断的远程监控。GE Oil&Gas 集团在全球建立了 13 个面向不同产品的 i-Center，通过传感器和网络对设备进行在线监测和实时监控，并提供设备维护和故障诊断的解决方案。

环保监测及能源管理物联网与环保设备的融合实现了对工业生产过程中产生的各种污染源及污染治理各环节关键指标的实时监控。在重点排污企业排污口安装无线传感设备，不仅可以实时监测企业排污数据，而且可以远程关闭排污口，防止突发性环境污染事故的发生。电信运营商已开始推广基于物联网的污染治理实时监测解决方案。

工业安全生产管理把感应器嵌入和装备到矿山设备、油气管道、矿工设备中，可以感知危险环境中工作人员、设备机器、周边环境等方面的安全状态信息，将现有分散、独立、单一的网络监管平台提升为系统、开放、多元的综合网络监管平台，实现实时感知、准确辨识、

快捷响应、有效控制。

2. 物联网在农业领域的应用

物联网在农业领域的应用是通过实时采集温室内温度、湿度信号以及光照、土壤温度、CO_2 浓度、叶面湿度、露点温度等环境参数，自动开启或者关闭指定设备。可以根据用户需求，随时进行处理，为设施农业综合生态信息自动监测、对环境进行自动控制和智能化管理提供科学依据。通过模块采集温度传感器等信号，经由无线信号收发模块传输数据，实现对大棚温湿度的远程控制。智能农业产品还包括智能粮库系统，该系统通过将粮库内温湿度变化的感知与计算机或手机的连接进行实时观察，记录现场情况以保证粮库内的温湿度平衡。

物联网在农业领域具有远大的应用前景，主要有三点：

（1）无线传感器网络应用于温室环境信息采集和控制。

（2）无线传感器网络应用于节水灌溉。

（3）无线传感器网络应用于环境信息和动植物信息监测。

3. 物联网在智能电网领域的应用

智能电网与物联网作为具有重要战略意义的高新技术和新兴产业，已引起世界各国的高度重视，我国政府不仅将物联网、智能电网上升为国家战略，并在产业政策、重大科技项目支持、示范工程建设等方面进行了全面部署。应用物联网技术，智能电网将会形成一个以电网为依托，覆盖城乡各用户及用电设备的庞大的物联网络，成为“感知中国”的最重要基础设施之一。智能电网与物联网的相互渗透、深度融合和广泛应用，将能有效整合通信基础设施资源和电力系统基础设施资源，进一步实现节能减排，提升电网信息化、自动化、互动化水平，提高电网运行能力和服务质量。智能电网和物联网的发展，不仅能促进电力工业的结构转型和产业升级，更能够创造一大批原创的具有国际领先水平的科研成果，打造千亿元的产业规模。

4. 物联网在智能家居领域的应用

智能家居是一个居住环境，是以住宅为平台安装有智能家居系统的居住环境，实施智能家居系统的过程称为智能家居集成。将各种家庭设备（如音视频设备、照明系统、窗帘控制、空调控制、安防系统、数字影院系统、网络家电等）通过程序设置，使设备具有自动功能，通过中国电信的宽带、固话和 5G 无线网络，可以实现对家庭设备的远程操控。与普通家居相比，智能家居不仅提供舒适宜人且高品位的家庭生活空间，实现更智能的家庭安防系统；还与传统家居环境中那个各自单独存在的设备联为一个整体，形成系统。

5. 物联网在医疗领域的应用

智能医疗系统借助简易实用的家庭医疗传感设备，对家中病人或老人的生理指标进行自测，并将生成的生理指标数据通过中国电信的固定网络或 5G 无线网络传送到护理人或有关医疗单位。根据客户需求，中国电信还提供相关增值业务，如紧急呼叫救助服务、专家咨询服务、终生健康档案管理服务等。智能医疗系统真正解决了现代社会子女们因工作忙碌无暇照顾家中老人的无奈，可以随时表达孝子情怀。

6. 物联网在城市安保领域的应用

智能城市产品包括对城市的数字化管理和城市安全的统一监控。前者利用“数字城市”理论，基于 3S（地理信息系统 GIS、全球定位系统 GPS、遥感系统 RS）等关键技术，深入开发和应用空间信息资源，建设服务于城市规划、城市建设和管理，服务于政府、企业、公众，服务于人口、资源环境、经济社会的可持续发展的信息基础设施和信息系统。后者基于宽带互联网的实时远程监控、传输、存储、管理的业务，利用中国电信无处不达的宽带和 5G 网络，将分散、独立的图像采集点进行联网，实现对城市安全的统一监控、统一存储和统一管理，为城市管理和建设者提供一种全新、直观、视听觉范围延伸的管理工具。

7. 物联网在环境监测领域的应用

环境监测领域应用是通过对实施地表水水质的自动监测，可以实现水质的实时连续监测和远程监控，及时掌握主要流域重点断面水体的水质状况，预警预报重大或流域性水质污染事故，解决跨行政区域的水污染事故纠纷，监督总量控制制度落实情况。太湖环境监控项目，通过安装在环太湖地区的各个监控的环保和监控传感器，将太湖的水文、水质等环境状态提供给环保部门，实时监控太湖流域水质等情况，并通过互联网将监测点的数据报送至相关管理部门。

8. 物联网在智能交通领域的应用

智能交通系统包括公交行业无线视频监控平台、智能公交站台、电子票务、车管专家和公交手机一卡通五种业务。公交行业无线视频监控平台利用车载设备的无线视频监控和 GPS 定位功能，对公交运行状态进行实时监控。智能公交站台通过媒体发布中心与电子站牌的数据交互，实现公交调度信息数据的发布和多媒体数据的发布功能，还可以利用电子站牌实现广告发布等功能。电子门票是二维码应用于手机凭证业务的典型应用，从技术实现的角度，手机凭证业务就是手机凭证，是以手机为平台、以手机身后的移动网络为媒介，通过特定的技术实现完成凭证功能。

车管专家利用全球卫星定位技术（GPS）、无线通信技术（CDMA）、地理信息系统技术（GIS）、中国电信 5G 等高新技术，将车辆的位置与速度，车内外的图像、视频等各类媒体信息及其他车辆参数等进行实时管理，有效满足用户对车辆管理的各类需求。公交手机一卡通将手机终端作为城市公交一卡通的介质，除完成公交刷卡功能外，还可以实现小额支付、空中充值等功能。

测速 E 通通过将车辆测速系统、高清电子警察系统的车辆信息实时接入车辆管控平台，同时结合交警业务需求，基于 GIS 地理信息系统通过 5G 无线通信模块实现报警信息的智能、无线发布，从而快速处置违法、违规车辆。

9. 物联网在智能司法领域的应用

智能司法是一个集监控、管理、定位、矫正于一身的管理系统。能够帮助各地各级司法机构降低刑罚成本、提高刑罚效率。目前，中国电信已实现通过 CDMA 独具优势的 GPSONE 手机定位技术对矫正对象进行位置监管，同时具备完善的矫正对象电子档案、查询统计功能，并包含对矫正对象的管理考核，给矫正工作人员的日常工作带来信息化、智能化的高效管理平台。

10. 物联网在物流领域的应用

智能物流打造了集信息展现、电子商务、物流配载、仓储管理、金融质押、园区安保、海关保税等功能为一体的物流园区综合信息服务平台。信息服务平台以功能集成、效能综合为主要开发理念，以电子商务、网上交易为主要交易形式，建设了高标准、高品位的综合信息服务平台，并为金融质押、园区安保、海关保税等功能预留了接口，可以为园区客户及管理人员提供一站式综合信息服务。

11. 物联网在智能校园领域的应用

中国电信的校园手机一卡通和金色校园业务，促进了校园的信息化和智能化。校园手机一卡通主要实现功能包括：电子钱包、身份识别和银行圈存。电子钱包即通过手机刷卡实现主要校内消费；身份识别包括门禁、考勤、图书借阅、会议签到等；银行圈存即实现银行卡到手机的转账充值、余额查询。目前校园手机一卡通的建设，除了满足普通一卡通功能外，还实现了借助手机终端实现空中圈存、短信互动等应用。

中国电信实施的“金色校园”方案，帮助中小学行业用户实现学生管理电子化、老师排课办公无纸化和学校管理的系统化，使学生、家长、学校三方可以时刻保持沟通，方便家长及时了解学生学习和生活情况，通过一张薄薄的“学籍卡”，真正达到了对未成年人日常行为的精细管理，最终达到学生开心，家长放心，学校省心的效果。

12. 物联网在智能文博领域的应用

智能文博系统是基于 RFID 和中国电信的无线网络，运行在移动终端的导览系统。该系统在服务器端建立相关导览场景的文字、图片、语音以及视频介绍数据库，以网站形式提供专门面向移动设备的访问服务。移动设备终端通过其附带的 RFID 读写器，得到相关展品的 EPC 编码后，可以根据用户需要，访问服务器网站并得到该展品的文字、图片语音或者视频介绍等相关数据。该产品主要应用于文博行业，实现智能导览及呼叫中心等应用拓展。

13. 物联网在 M2M 平台领域的应用

中国电信 M2M 平台是物联网应用的基础支撑设施平台。秉承发展壮大民族产业的理念与责任，凭借对通信、传感、网络技术发展的深刻理解与长期的运营经验，中国电信 M2M 协议规范引领着 M2M 终端、中间件和应用接口的标准统一，为跨越传感网络和承载网络的物联信息交互提供表达和交流规范。在电信级 M2M 平台上驱动着遍布各行各业的物联网应用逻辑，倡导基于物联网络的泛在网络时空，让广大消费者尽情享受物联网带来的个性化、智慧化、创新化的信息新生活。

三、物联网采用的技术

1. RFID

RFID 芯片、标签、天线、读写器芯片、模块、手持终端、PDA、车载读写器、有源 RFID 产品与系统、RFID 中间件提供商、NFC 产品技术与网络、自动识别技术系统。

2. 智能卡

各类 IC 卡、一卡通应用系统、卡牌制造商、材料商、智能卡设备、芯片制造商、系统集成商、软件开发商。

3. EPC 网络

EPC 贴标、EPC 中间件、EPC 服务器、EPC 公共服务平台、传感网络、移动通信网、全球定位网络等相关应用网络、商业智能分析软件系统。

4. 通信技术与产品

WLAN（无线局域网）、Wi-Fi（无线保真）、UWB（超宽带）、ZigBee、NFC（近场通信）、BlueTooth（蓝牙）、WiMax（无线宽带接入）、MESH、全球定位系统（GPS）、WSN（无线传

感网络）、高频 RFID 等短距离数据传输及自组织组网的核心产品与设备、异构网融合、传感网相关接口、接入网关等产品和设备。

5. 核心控制芯片及嵌入式芯片

MCU、DSP、ADC、GUI、MEMS 器件、协议芯片、微电源管理芯片、接口控制芯片、一体化芯片在内的系列物联网各环节的控制芯片。

6. 网络架构和数据处理

面向服务的体系架构（SOA）、网络与信息安全、海量数据存储与处理、物联网地址编码等设备和产品。

7. 传感器

传感网络节点、新型传感器、传感器网节点、二维码标签和识读器、多媒体信息采集、实时定位和地理识别系统及产品。

8. 系统集成和软件

网络集成、多功能集成、软硬件操作界面基础软件、操作系统、应用软件、中间件软件等产品。

9. 传感网示范应用

传感网在工业、安保、远程监控、交通、环保、家居、医疗、电力、物流、农业、水利等行业和领域的示范应用。

10. 其他技术

云计算、全球定位、扫描、遥感技术、电源设备。

四、物联网的层次结构

综合国内各权威物联网专家的分析，可将物联网系统按照以下两种形式划分：

（1）三层结构：感知层、网络层、应用层。

（2）四层结构：感知层、网络层、支撑层（平台层）、应用层。

1. 物联网系统的三层结构：感知层、网络层、应用层

（1）感知层解决的是人类世界和物理世界的数据获取问题，由各种传感器以及传感器网关构成。该层被认为是物联网的核心层，主要是物品标识和信息的智能采集，它由基本的感应器件（例如 RFID 标签和读写器、各类传感器、摄像头、GPS、二维码标签和识读器等基本标识和传感器件组成）和感应器组成的网络（例如 RFID 网络、传感器网络等）两大部分组成。该层的核心技术包括射频技术、新兴传感技术、无线网络组网技术、现场总线控制技术（FCS）等，涉及的核心产品包括传感器、电子标签、传感器节点、无线路由器、无线网关等。

（2）网络层也被称为传输层，解决的主要问题是将感知层所获得的数据在一定范围内（通常是长距离的传输问题）完成接入和传输功能，是进行信息交换、传递的数据通路，包括接入网与传输网两种。传输网由公网与专网组成，典型传输网络包括电信网（固网、移动网）、广电网、互联网、电力通信网、专用网（数字集群）。接入网包括光纤接入、无线接入、以太网接入、卫星接入等，各类接入方式可实现底层的传感器网络、RFID 网络的最后一千米的接入。

（3）应用层也可称为处理层，解决的是信息处理和人机界面的问题。网络层传输而来的

数据在这一层里进入各类信息系统进行处理，并通过各种设备与人进行交互。处理层由业务支撑平台（中间件平台）、网络管理平台（例如 M2M 管理平台）、信息处理平台、信息安全平台、服务支撑平台等组成，完成协同、管理、计算、存储、分析、挖掘以及提供面向行业和大众用户的服务等功能，典型技术包括中间件技术、虚拟技术、高可信技术，云计算服务模式、SOA 系统架构方法等先进技术和服务模式可被广泛采用。

在各层之间，信息不是单向传递的，可有交互、控制等，所传递的信息多种多样，包括在特定应用系统范围内能唯一标识物品的识别码和物品的静态与动态信息。尽管物联网在智能工业、智能交通、环境保护、公共管理、智能家庭、医疗保健等经济和社会各个领域的应用特点千差万别，但是每个应用的基本架构都包括感知、传输和应用三个层次，各种行业和各种领域的专业应用子网都是基于三层基本架构构建的。

2. 物联网系统的四层结构：感知层、网络层、支撑层（平台层）、应用层

三层结构与四层结构内容基本一致，只是划分不一样，它们主要的区别是四层结构中支撑层在高性能计算机技术的支撑下，将网络内海量的信息资源通过计算整合成一个互联互通的大型智能网络，为上层服务管理和大规模行业应用建立一个高效、可靠、可信的支撑技术平台，如图 1－3－3 所示。

【项目实施】

图 1－3－4 所示的情景是如何实现的，请根据物联网的体系结构用文字说明。

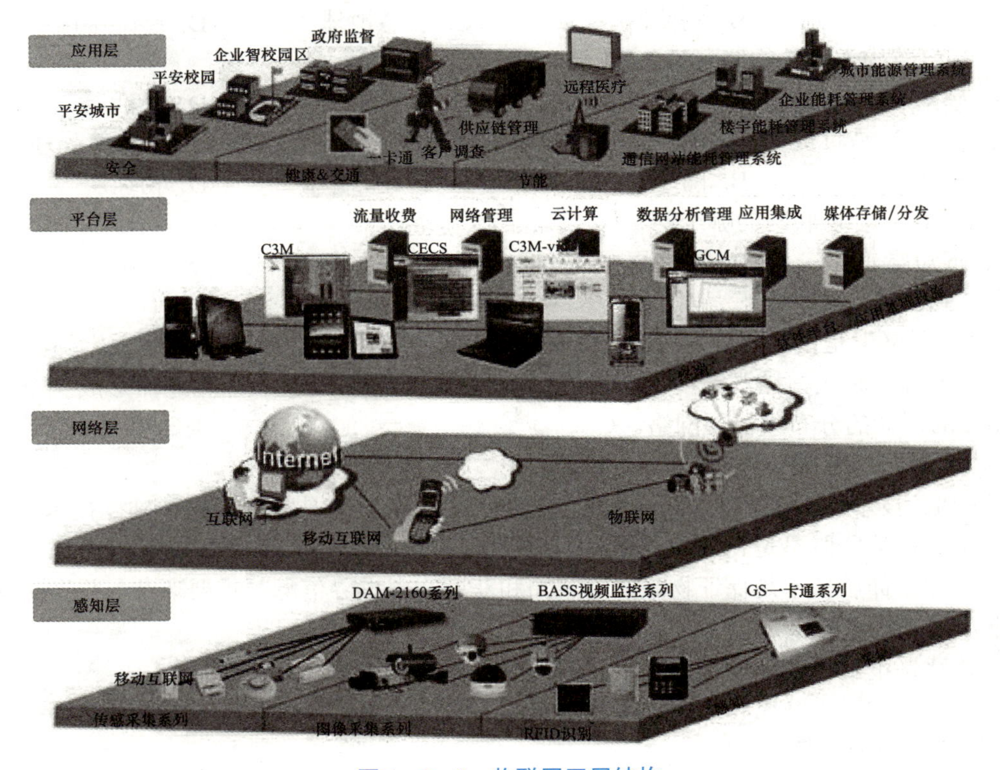

图 1－3－3　物联网四层结构

图 1－3－4　无线预约医院专家

【练习题】

一、单选题

1. 通过无线网络与互联网的融合，将物体的信息实时准确地传递给用户，指的是（　　）。

A. 可靠传递　　B. 全面感知　　C. 智能处理　　D. 互联网

2. 第三次信息技术革命指的是（　　）。

A. 互联网　　B. 物联网　　C. 智慧地球　　D. 感知中国

3. 三层结构类型的物联网不包括（　　）。

A. 感知层　　B. 网络层　　C. 应用层　　D. 会话层

4.（　　）是负责对物联网收集到的信息进行处理、管理、决策的后台计算处理平台。

A. 感知层　　B. 网络层　　C. 云计算平台　　D. 物理层

5. RFID 属于物联网的哪个层？（　　）

A. 感知层　　B. 网络层　　C. 业务层　　D. 应用层

二、判断题

1. "物联网"是指通过装置在物体上的各种信息传感设备，如 RFID 装置、红外感应器、全球定位系统、激光扫描器等，赋予物体智能，并通过接口与互联网相连而形成一个物品与物品相连的巨大的分布式协同网络。（　　）

2. "因特网+物联网＝智慧地球"。（　　）

3. RFID 技术、传感器技术和嵌入式智能技术、纳米技术是物联网的基础性技术。（　　）

4. 国际电信联盟不是物联网的国际标准组织。（　　）

5. 感知延伸层技术是保证物联网络感知和获取物理世界信息的首要环节，并将现有网络接入能力向物进行延伸。（　　）

6. 传感器不是感知延伸层获取数据的一种设备。（　　）

7. 无线传输用于补充和延伸接入网络，使得网络能够把各种物体接入到网络，主要包括各种短距离无线通信技术。（　　）

8. 物联网网络层技术主要用于实现物联网信息的双向传递和控制，重点在于适应物物通信需求的无线接入网和核心网的网络改造和优化，以及满足低功耗、低速率等物物通信特点

的感知层通信和组网技术。（　　）

9. RFID 技术具有无接触、精度高、抗干扰、速度快以及适应环境能力强等显著优点，可广泛应用于诸如物流管理、交通运输、医疗卫生、商品防伪、资产管理以及国防军事等领域，被公认为 21 世纪十大重要技术之一。（　　）

10. 传感器网：由各种传感器和传感器节点组成的网络。（　　）

三、阐述题

根据图 1－3－5 所示，说明此图描述的是物联网在哪个方面的应用，并说明工作过程。

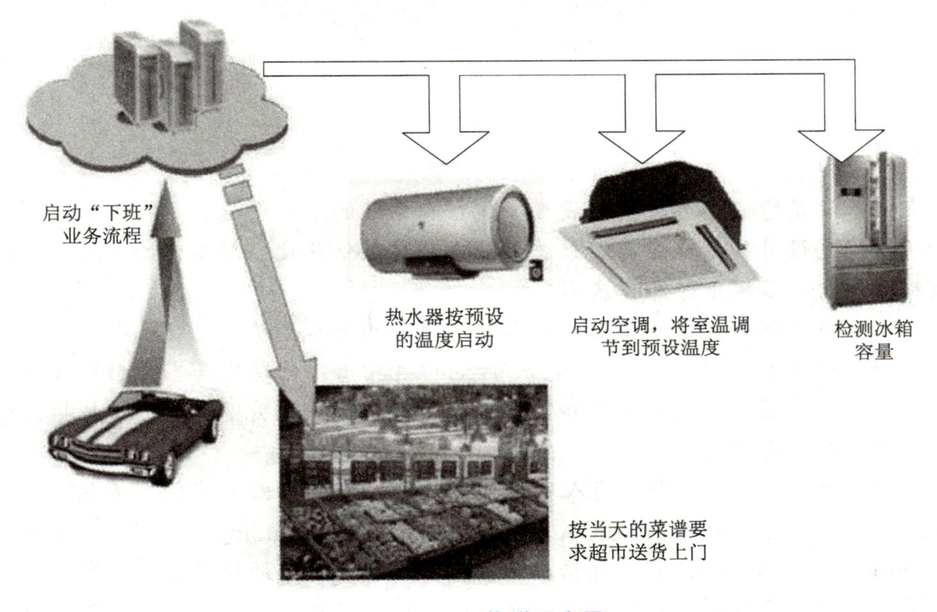

图 1－3－5　物联网应用

项目二

网络综合布线系统

综合布线系统是智能化办公室建设数字化信息系统的基础设施，是将所有语音、数据等系统进行统一规划设计的结构化布线系统，为办公提供信息化、智能化的物质介质，支持将语音、数据、图文、多媒体等综合应用。

建设智能城市与智能化建筑将成为世界经济发展的必然趋势，已是一个国家和一个城市科学技术和经济水平的体现。所以，“十五”计划中也指出：信息化是当今世界经济和社会发展的大趋势，也是我国产业优化升级和实现工业化、现代化的关键环节，要把推进国民经济和社会信息化放在优先位置。

根据对智能建筑的不同理解，有人在现代建筑上简单地提出了“3A”系统，也就是 BA（楼宇自动化 Building Automation）、OA（办公自动化 Office Automation）和 CA（通信自动化 Communication Automation），具体包括以下内容：模拟与数字的语音系统；高速与低速的数据系统；图形终端和设备控制系统的图像资料；电视会议与安全监视系统的视频信号；建筑物的安全报警和设备控制系统的传感器信号。

任务一　网络综合布线的工程技术

【目标】

（1）了解综合布线系统的发展。

（2）熟悉智能楼宇与综合布线的关系。

（3）熟悉综合布线系统的功能。

（4）掌握综合布线的组成。

（5）熟悉综合布线系统的结构及变化。

568A 标准

568B 标准

网络综合布线工程技术

【工作任务】

（1）熟悉综合布线系统的功能与组成，利用综合布线模型、视频，讲解网络综合布线的应用。

（2）了解综合布线系统的结构及变化，利用图片、PPT 着重讲述综合布线系统的结构。

【相关知识】

一、综合布线系统的发展过程

1. 同轴电缆、环形系统时代

20 世纪 80 年代末 90 年代初，在水晶头 RJ45 技术还没有流行之前，数据传输主要采用的是同轴电缆，同轴电缆最早应用于有线电视网络中。

同轴电缆的特性：

（1）具有良好的屏蔽性。

（2）具有较高的速率，传输距离较长。

何为同轴电缆：

因其用来传递信息的一对导体是按照一层圆筒式的外导体套在内导体（一根细芯）外面，两个导体间用绝缘材料互相隔离的结构制造的。外层导体和中心轴芯线的圆心在同一个轴心上，所以叫作同轴电缆。

同轴电缆的最里层是内芯，向外依次为绝缘层、屏蔽层，最外层则是起保护作用的塑料外套，内芯和屏蔽层构成一对导体。同轴电缆一般采用共模传送数据，可分为基带同轴电缆（阻抗为 50 Ω）和宽带同轴电缆（阻抗为 75 Ω）。基带同轴电缆又可分为粗缆和细缆两种，都用于直接传输数字信号；宽带同轴电缆用于频分多路复用的模拟信号传输，也可用于不使用频分多路复用的高速数字信号和模拟信号传输。闭路电视所使用的 CATV 电缆就是宽带同轴电缆。同轴电缆以单根铜导线为内芯，外裹一层绝缘材料，外覆密集网状导体，最外面是一层保护性塑料。金属屏蔽层能将磁场反射回中心导体，同时也使中心导体免受外界干扰，故同轴电缆比双绞线具有更高的带宽和更好的噪声抑制特性。

2. 双绞线成为主流

20 世纪 90 年代初，作为一家以语音传输为主的公司，AT&T 最早提出使用 100 Ω的非屏蔽双绞线作为传输媒体，为大楼提供一个综合布线系统（PDS）。早期的 PDS 是主要采用 AT&T 的 110 型接线系统，后期因为 10Base–T 开启流行，RJ45 连接器渐渐取代了 110 型接线系统。

当年，非屏蔽双绞线系统的传输速度不高，但是由于这个系统对于客户来说比较方便，可以在相同的布线平台支持多种应用，例如以太网、令牌环网、大型计算机系统、ATM、ISDN、POTS、Arcnet、Appletalk、RS232 系列串行通信系统等，因此综合布线系统逐渐开始流行，而 RJ45 则成为标准化的连接器。20 世纪 90 年代中期，大批厂商进入这个领域，并开始生产综合布线产品。从 3 类 10Base–T 及语音系统、4 类令牌网系统、5 类数据系统开始，100 Ω 的双绞线布线系统逐渐成为标准的布线系统。铜缆系统从 3 类发展到 7 类，从原来的支持 10 MB、16 MB、100 MB、1 000 MB，发展到现在的支持万兆传输的系统。

然而，当年由于要与语音系统兼容，在 RJ45 连接器内安排 4～5 成为一对，3～6 成为另一对，种下在高速传输时的串扰和回波损耗的技术难题。加上 RJ45 连接器原设计并不是高速连接器，因此增加了当时 6 类系统设计的难度，到了万兆系统，问题就显得更加明显。因此在 7 类系统的设计中，已经不采用 RJ45 的连接器了。

3. 布线技术蕴藏变革，光纤时代来临

即便是在国内计算机已逐渐普及的 20 世纪 90 年代，恐怕也没几个人敢想象网络与大家的生活会走得如此贴近。网络普及的初期，网络应用还处于网页浏览、文件传输的水平，这

时对网络带宽的要求相对较低。随着视频、音频等网络应用的快速发展，现在对于布线系统的带宽及响应时延都提出了更高要求。这也是目前 6 类、7 类线以及光纤等高带宽线缆应用快速增长的主要原因。

二、综合布线的特点

综合布线系统（PDS）是信息技术和信息产业高速大规模发展的产物，是布线系统的一项重大革新，它和传统布线比较，具有明显的优越性。它在设计、施工和维护方面也给人们带来了许多方便，具体表现在以下六方面。

1. 兼容性

所谓兼容性是指其设备或程序可以用于多种系统。沿用传统的布线方式，使各个系统的布线互不相容，管线拥挤不堪，规格不同，配线插接头型号各异所构成的网络内的管线与插接件彼此不同而不能互相兼容，一旦要改变终端机或语音设备位置，势必重新敷设新的管线和插接件。而 PDS 不存在上述问题，它将语音、数据信号的配线统一设计规划，采用统一的传输线路、信息插接件等，把不同信号综合到一套标准布线系统，在使用时，用户可不用定义某个工作区的信息插座的具体应用，只把某种终端设备接入这个信息插座，然后在管理间和设备间的交连设备上做相应的跳线操作，这个终端设备就被接入到自己的系统中。同时，该系统比传统布线大为简化，不存在重复投资，节约大量资金。

2. 开放性

对于传统布线，一旦选定了某种设备，也就选定了布线方式和传输介质，如要更换一种设备，原有布线将全部更换，对已完工的布线做上述更换，既极为麻烦，又增加大量资金。而 PDS 布线由于采用开放式体系结构，符合国际标准，对现有著名厂商的品牌均属开放的，当然对通信协议也同样是开放的。

3. 灵活性

综合布线系统中，由于所有信息系统皆采用相同的传输介质、星型拓扑结构的物理布线方式，因此所有的信息通道都是通用的。每条信息通道可支持电话、传真、多用户终端。10Base–T 工作站及令牌环工作站（采用 5 类连接方案，可支持 100Base–T 及 ATM 等）所有设备的开通及更改均不需改变系统布线，只需增减相应的网络设备及进行必要的跳线管理即可。另外，系统组网也可灵活多样，甚至在同一房间可有多用户终端，10/100Base–T 工作站、令牌环工作站并存，为用户组合信息提供了必要条件。

4. 可靠性

传统布线各系统互不兼容，因此在一个建筑物内存在多种布线方式，形成各系统交叉干扰，这样各个系统可靠性降低，势必影响到整个建筑系统的可靠性。而综合布线系统采用高品质的材料和组合压接的方式构成一套高标准的信息通道。所有器件均通过 UL、CSA 及 ISO 认证，每条信息通道都要采用星型拓扑结构的物理布线，点到点端接，任何一条线路故障均不影响其他线路的运行，同时为线路的运行维护及故障检修提供了极大的方便，从而保障了系统的可靠运行。各系统采用相同传输介质，因而可互为备用，提高了备用冗余。

5. 先进性

综合布线系统通常采用光纤与双绞线混布方式，这种方式能够十分合理地构成一套完整

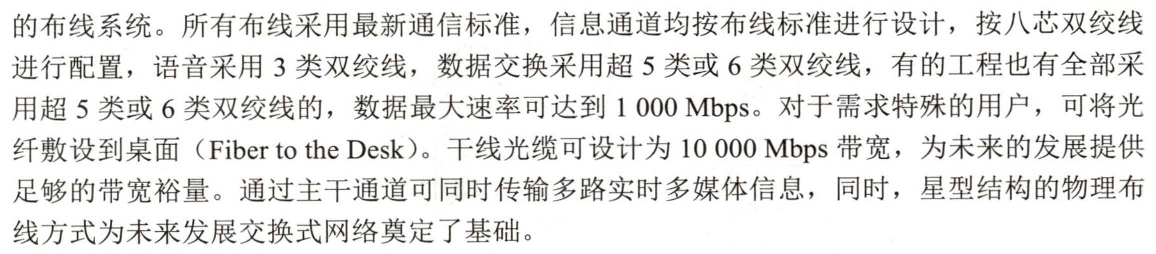
的布线系统。所有布线采用最新通信标准，信息通道均按布线标准进行设计，按八芯双绞线进行配置，语音采用 3 类双绞线，数据交换采用超 5 类或 6 类双绞线，有的工程也有全部采用超 5 类或 6 类双绞线的，数据最大速率可达到 1 000 Mbps。对于需求特殊的用户，可将光纤敷设到桌面（Fiber to the Desk）。干线光缆可设计为 10 000 Mbps 带宽，为未来的发展提供足够的带宽裕量。通过主干通道可同时传输多路实时多媒体信息，同时，星型结构的物理布线方式为未来发展交换式网络奠定了基础。

6. 经济性

衡量一个建筑产品的经济性，应该从两个方面加以考虑，即初期投资与性能价格比。一般来说，用户总是希望建筑物所采用的设备在开始使用时应该具有良好的实用特性，而且还应该有一定的技术储备。在今后的若干年内应保护最初的投资，即在不增加新的投资情况下，还能保持建筑物的先进性。与传统的布线方式相比，综合布线是一种既具有良好的初期投资特性，又具有很高的性能价格比的高科技产品。

综合布线系统还有实用性强，灵活性好，实行模块（结构化）化，即插接件用积木式标准件结构，使用与维护均带来方便，可扩充性强，可扩充新技术设备及信息，包括互联设备和网络管理产品等特点。

三、综合布线系统的基本要求

综合布线系统通常需要满足以下基本要求：

（1）应满足通信自动化与办公自动化的需要，即满足语音与数据网络的广泛要求。

（2）应采用简明、价廉与方便的结构，将任何插座互联主网络。

（3）适应各种符合标准的品牌设备互联入网运行。

（4）电缆的敷设与管理应符合 PDS 系统设计要求。

（5）在 PDS 系统中，应提供多个互联点，即插座。

（6）应满足当前和将来网络的要求。

四、综合布线系统的组成

综合布线系统是建筑物内或建筑群之间的一个模块化、灵活性极高的信息传输通道，是智能建筑的“信息高速公路”。它既能使语音、数据、图像设备和交换设备与其他信息管理系统彼此相连，也能使这些设备与外部通信网相连接。

综合布线由不同系列和规格的部件组成，其中包括传输介质、相关连接硬件（如配线架、插座、插头、适配器）及电气保护设备等。

综合布线一般采用分层星型拓扑结构。该结构下的每个分支子系统都是相对独立的单元，对每个分支子系统的改动都不影响其他子系统，只要改变节点连接方式就可使综合布线在星型、总线型、环型和树型等结构之间进行转换。

综合布线采用模块化的结构。按每个模块的作用，可把综合布线划分成 6 个部分，如图 2－1－1 所示。

从图 2－1－1 可以看出，这 6 个部分中的每一部分都相互独立，可以单独设计，单独施工。更改其中一个子系统时，均不会影响其他子系统。下面将简要介绍这 6 个部分。

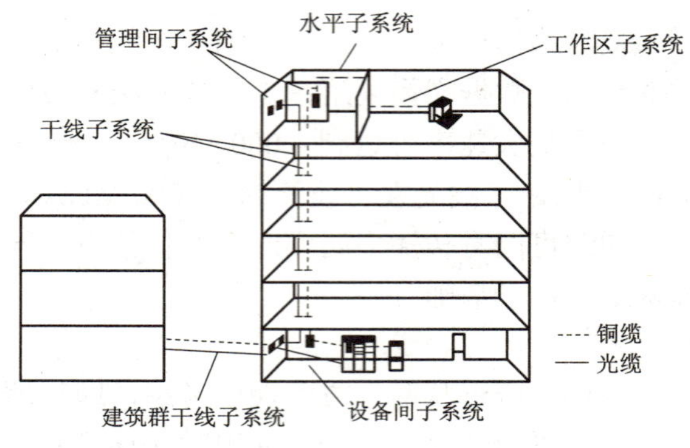

图 2－1－1　综合布线模块化结构

1. 工作区

工作区也称为工作区子系统，提供从水平子系统端接设施到设备的信号连接，通常由连接线缆、网络跳线和适配器组成。用户可以将电话、计算机和传感器等设备连接到线缆插座上，插座通常由标准模块组成，能够完成从建筑物自控系统的弱电信号到高速数据网和数字语音信号等各种复杂信息的传送。工作区子系统的组成如图 2－1－2 所示。

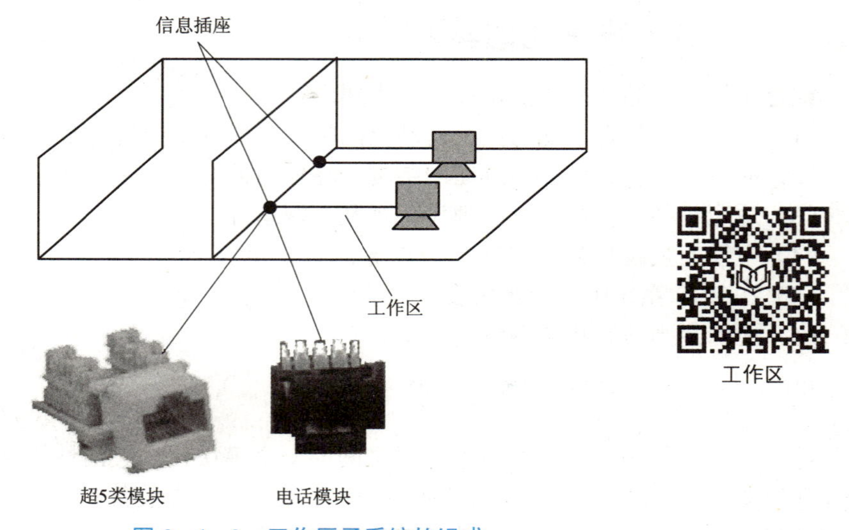

图 2－1－2　工作区子系统的组成

2. 水平子系统

水平子系统提供楼层配线间至用户工作区的通信干线和端接设施。水平主干线通常使用屏蔽双绞线（STP）和非屏蔽双绞线（UTP），也可以根据需要选择光缆。端接设施主要是相应通信设备和线路连接插座。对于利用双绞线构成的水平子系统，通常最远延伸距离不能超过 90 m。水平子系统的组成如图 2－1－3 所示。

水平子系统的特点是：水平子系统通常处在同一楼层上，线缆的一端接在配线间的配线架上，另一端接在信息插座上。在建筑物内水平子系统多为 4 对双绞电缆。这些双绞电缆能支持大多数终端设备。在需要较高宽带应用时，水平子系统也可以采用“光纤到桌面”的方案。当水平工作面积较大时，在这个区域可设置二级交接间。

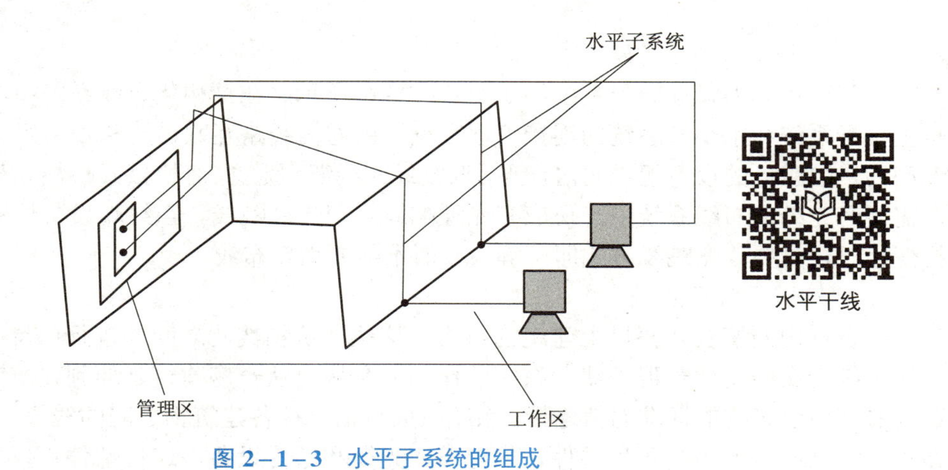

图 2-1-3　水平子系统的组成

3. 干线子系统

干线子系统也称为垂直主干子系统。它是建筑物中最重要的通信干道，通信介质通常为大对数铜缆或多芯光缆，安装在建筑物的弱电竖井内。垂直干线子系统提供多条连接路径，将位于主控中心的设备和位于各个楼层的配线间的设备连接起来，两端分别端接在设备间和楼层配线间的配线架上。垂直主干子系统线缆的最大延伸距离与所采用的线缆有关。干线子系统的组成如图 2-1-4 所示。

4. 设备间

设备间也称为设备间子系统，它是结构化布线系统的管理中枢，整个建筑物的各种信号都经过各类通信电缆汇集到该子系统。具备一定规模的结构化布线系统通常设立集中安置设备的主控中心，即通常所说的网络中心机房或信息中心机房。计算机局域网主干通信设备、各种公共网络服务器和电话程控交换设备等公共设备都安装在这里。为便于设备的搬运和方便，各系统的接入，设备间的位置通常选定在每一座大楼的第 1、2 层或第 3 层。设备间子系统如图 2-1-5 所示。

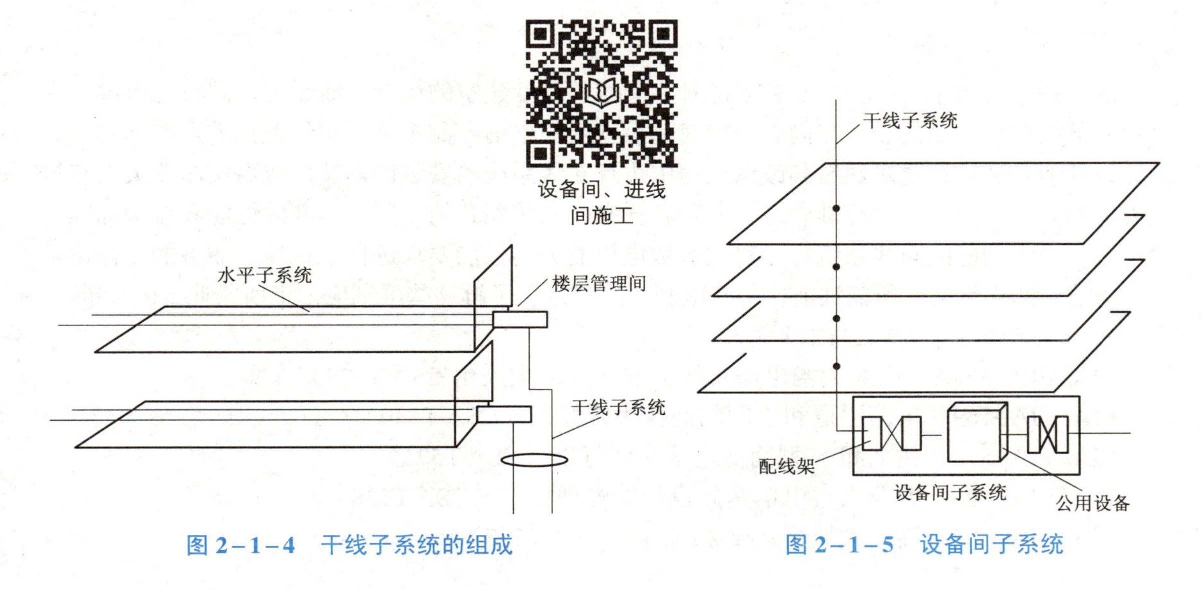

图 2-1-4　干线子系统的组成　　图 2-1-5　设备间子系统

5. 管理区

管理区也称为管理间子系统，如图 2－1－6 所示。在结构化布线系统中，管理间子系统是垂直子系统和水平子系统的连接管理系统，由通信线路互联设施和设备组成，通常设置在专门为楼层服务的设备配线间内，包括双绞线配线架、跳线（有快接式跳线和简易跳线之分）。在需要有光纤的布线系统中，还应有光纤配线架和光纤跳线。当终端设备位置或局域网的结构变化时，只要改变跳线方式即可解决，而不需要重新布线。

6. 建筑群干线子系统

建筑群

建筑群由两座及两座以上建筑物组成。这些建筑物彼此之间要进行信息交流。综合布线的建筑群干线子系统的作用，是构建从一座建筑延伸到建筑群内的其他建筑物的标准通信连接。系统组成包括连接各建筑物之间的线缆、建筑群综合布线所需的各种硬件，如电缆、光缆和通信设备、连接部件，以及电气保护设备等。建筑群干线子系统如图 2－1－7 所示。

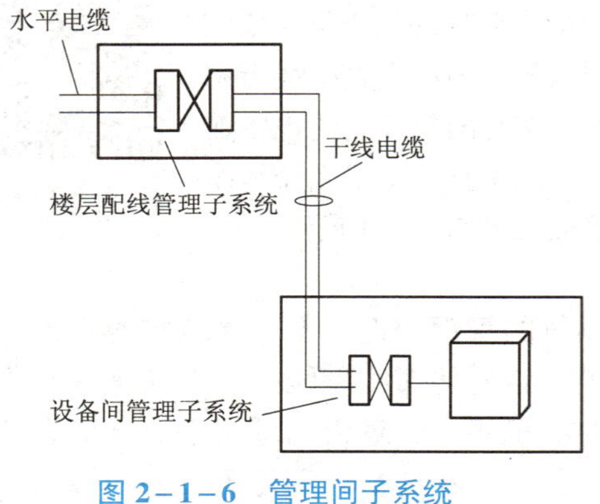

图 2－1－6　管理间子系统

图 2－1－7　建筑群干线子系统

五、综合布线的标准

1. 设标准的目的

这个标准确定了一个可以支持多品种多厂家的商业建筑的综合布线系统，同时也提供了为商业服务的电信产品的设计方向。即使对随后安装的电信产品不甚了解，该标准可帮你对产品进行设计和安装。在建筑建造和改造过程中进行布线系统的安装比建筑落成后实施要大大节省人力、物力、财力。这个标准确定了各种各样布线系统配置的相关元器件的性能和技术标准。为达到一个多功能的布线系统，已对大多数电信业务的性能要求进行了审核。业务的多样化及新业务的不断出现会对所需性能作某些限制。用户为了了解这些限制应知道所需业务的标准。

2. 综合布线设计标准的主要种类

TIA/ EIA–568A　商业大楼电信布线标准（加拿大采用 CSA T529）

EIA/ TIA–569　电信通道和空间的商业大楼标准（CSA T530）

EIA/ TIA–570　住宅和 N 型商业电信布线标准（CSA T525）

TIA/ EIA–606　商业大楼电信基础设施的管理标准（CSA T528）

TIA/ EIA–607　商业大楼接地/连接要求（CSA T527）

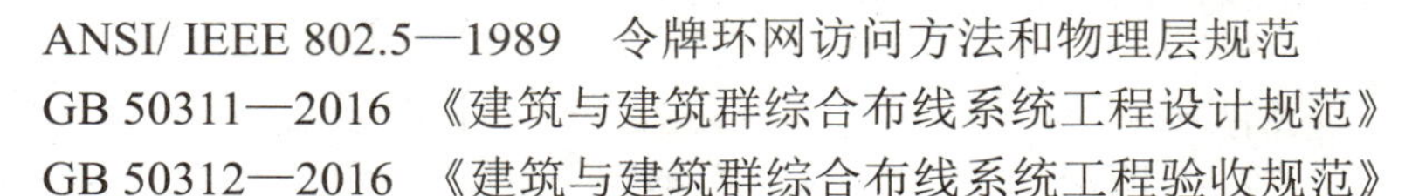

ANSI/ IEEE 802.5—1989　令牌环网访问方法和物理层规范

GB 50311—2016　《建筑与建筑群综合布线系统工程设计规范》

GB 50312—2016　《建筑与建筑群综合布线系统工程验收规范》

3. 两种标准

标准分为强制性和建议性两种：所谓强制性是指要求是必需的，而建议性要求意味着也许可能或希望。强制性标准通常适于保护、生产、管理、兼容，它强调了绝对的最小限度可接受的要求；建议性或希望性的标准通常针对最终产品。在某种程度上在统计范围内确保全部产品与使用的设施设备相适应体现了这些准则，建议性准则用来在产品的制造中提高生产率，无论是强制性的要求还是建议性的都是同一标准的技术规范。

任务二　常用的施工工具与材料

【目标】

（1）能识别网络系统集成工程中的常用器材。

（2）正确运用端接工具。

常用的施工工具与材料

【工作任务】

（1）常用施工工具的正确使用。

（2）常用材料的识别。

【相关知识】

一、五金工具

（1）电工工具箱及工具，如图 2－2－1 所示。

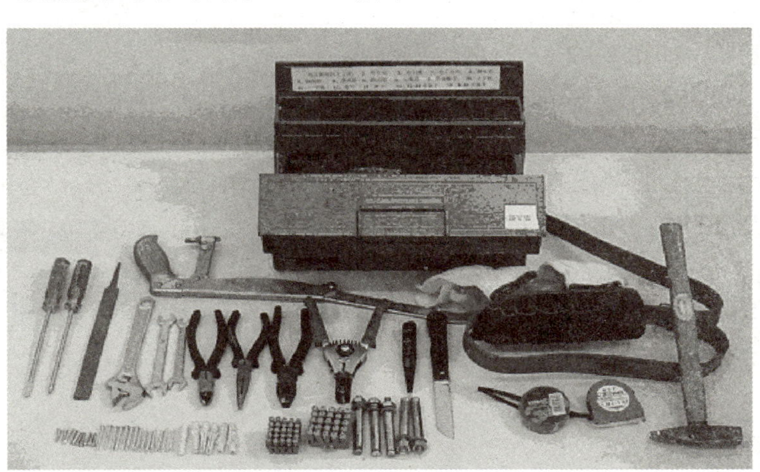

图 2－2－1　电工工具箱及工具

（2）电源线盘，如图 2－2－2 所示。

（3）线槽剪，如图 2－2－3 所示。

（4）梯子。

（5）台虎钳，如图 2－2－4 所示。

（6）管子台虎钳，如图 2－2－5 所示。

图 2－2－2　电源线盘

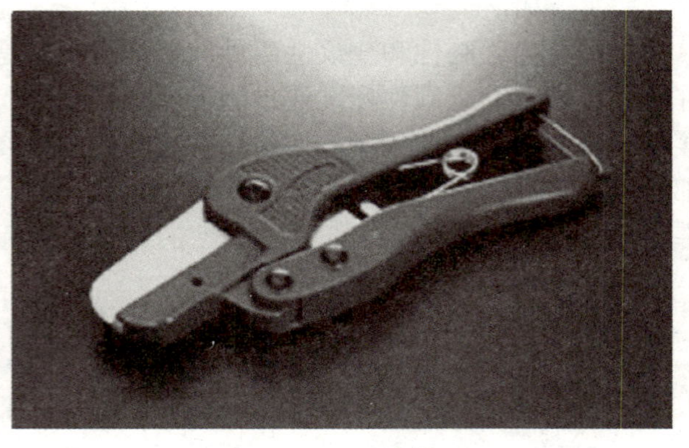

图 2－2－3　线槽剪

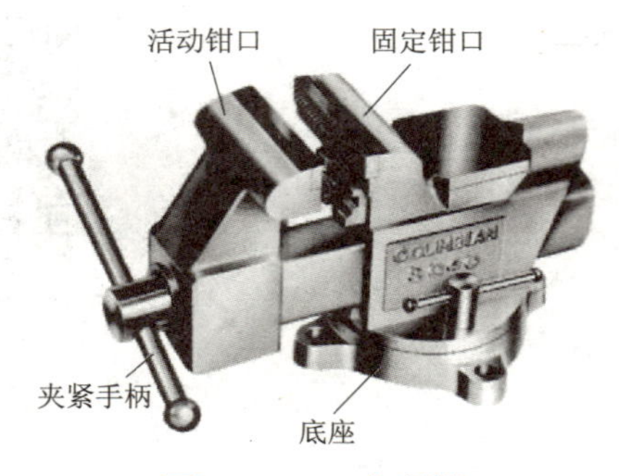

图 2－2－4　台虎钳

图 2－2－5　管子台虎钳

（7）管子切割器，如图 2－2－6 所示。

（8）管子钳，如图 2－2－7 所示。

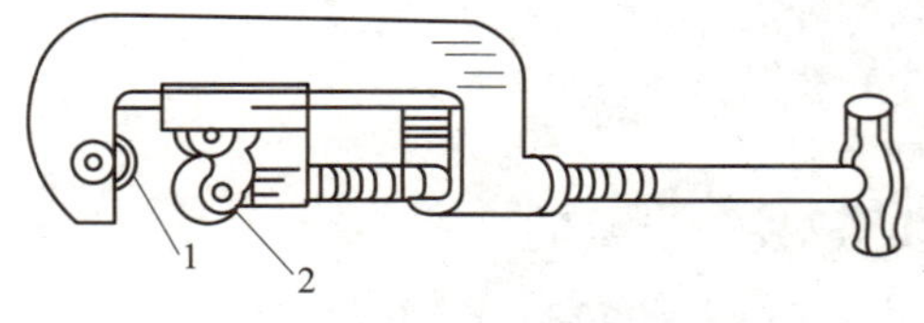

图 2－2－6　管子切割器

1—圆形刀片；2—托滚

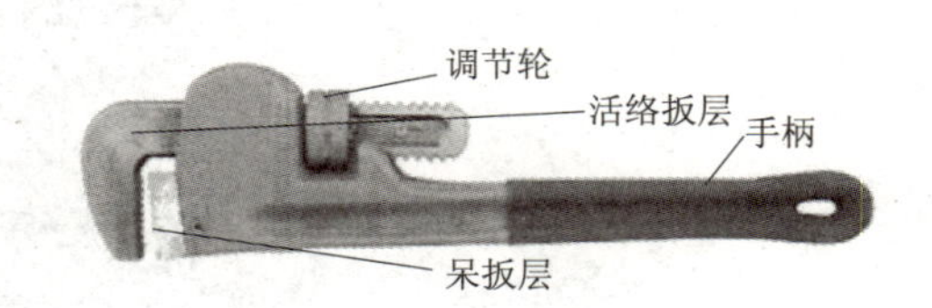

图 2－2－7　管子钳

二、电动工具

（1）充电旋具，如图 2－2－8 所示。

（2）手电钻，如图 2－2－9 所示。

（3）冲击电钻，如图 2－2－10 所示。

（4）电锤，如图 2－2－11 所示。

图 2-2-8　充电旋具

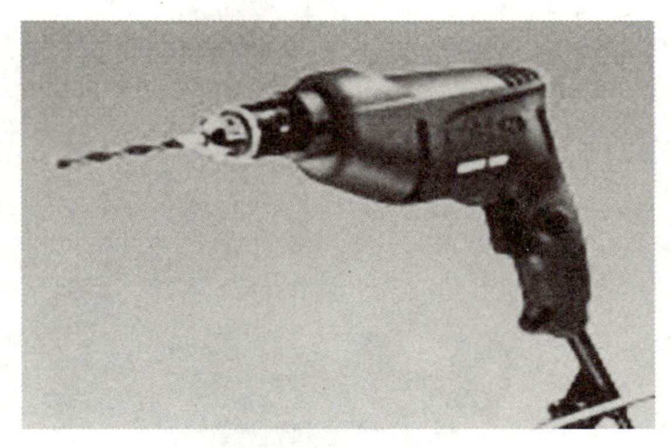

图 2-2-9　手电钻

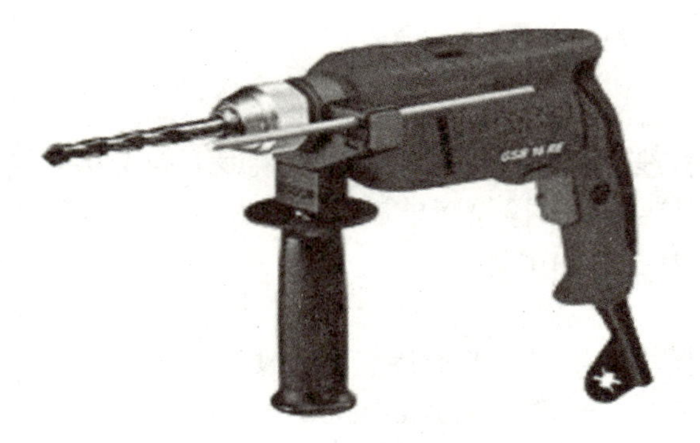

图 2-2-10　冲击电钻

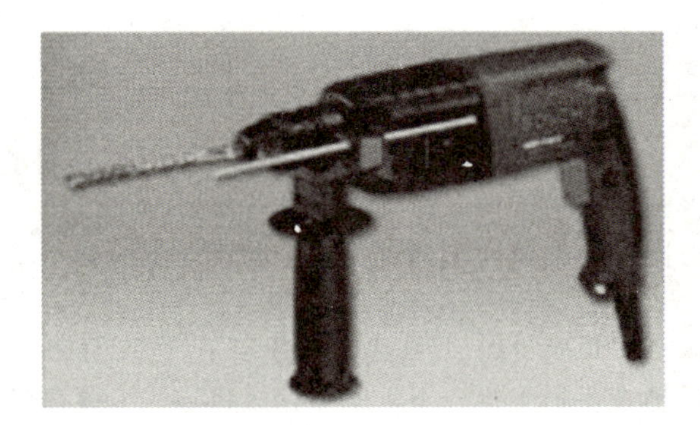

图 2-2-11　电锤

（5）电镐，如图 2-2-12 所示。

（6）角磨机，如图 2-2-13 所示。

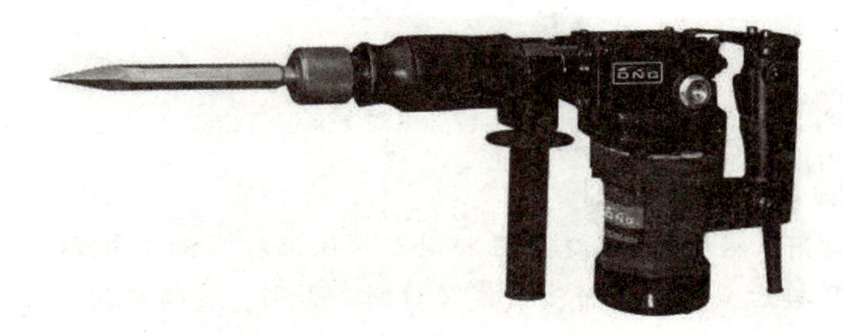

图 2-2-12　电镐

图 2-2-13　角磨机

（7）型材切割机，如图 2-2-14 所示。

（8）台钻，如图 2-2-15 所示。

图 2－2－14　型材切割机

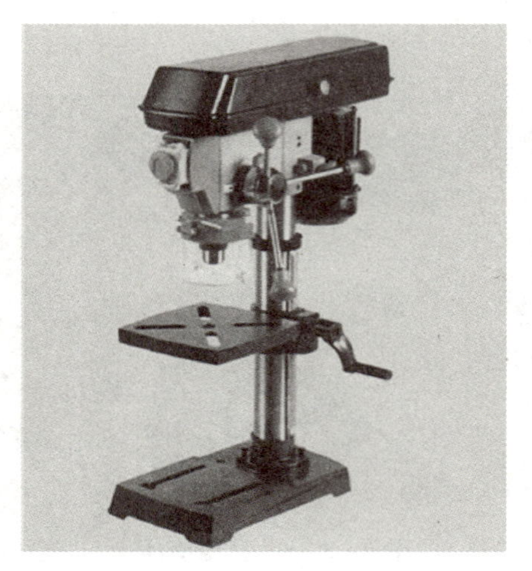

图 2－2－15　台钻

三、端接工具

1. 5 对 110 型打线工具

该工具是一种简便快捷的 110 型连接端子打线工具，是 110 型配线（跳线）架卡接连接块的最佳手段。该打线工具一次最多可以接 5 对连接块，操作简单，省时省力；适用于线缆、跳接块及跳线架的连接作业。图 2－2－16 所示为 5 对 110 型打线钳。

2. 单对 110 型打线工具

单对 110 型打线工具适用于线缆、110 型模块及配线架的连接作业。使用时只需要简单地在手柄上推一下，就能完成将导线卡接在模块中，完成端接过程。图 2－2－17 所示为单对 110 型打线钳。

图 2－2－16　5 对 110 型打线钳

图 2－2－17　单对 110 型打线钳

【提示】

用手在压线口按照线序把线芯整理好，然后开始压接，压接时必须保证打线钳方向正确，有刀口的一边必须在线端方向，正确压接后，刀口会将多余线芯剪断。否则，会将要用的网线铜芯剪断或者损伤。

打线钳必须保证垂直，突然用力向下压，会听到“咔嚓”声，配线架中的刀片会划破线芯的外包绝缘外套，与铜线芯接触。

如果打接时不突然用力，而是均匀用力时，不容易一次将线压接好，可能出现半接触状态。

如果打线钳不垂直时，容易损坏压线口的塑料芽，而且不容易将线压接好。

3. RJ45+RJ11 双用压接工具

RJ45+RJ11 双用压接工具适用于 RJ45、RJ11 水晶头的压接。一把钳子包括了双绞线切割、剥离外护套、水晶头压接等多种功能。图 2－2－18 所示为双用压线钳。

4. RJ45 单用压接工具

在双绞线网线制作过程中，压线钳是最主要的制作工具，如图 2－2－19 所示。

图 2－2－18　双用压线钳　　图 2－2－19　RJ45 单用压接工具

5. 双绞线、铜缆剥线器

剥线器不仅外形小巧且简单易用，如图 2－2－20 所示。操作只需要一个简单的步骤就可除去缆线的外护套，就是把线放在相应尺寸的孔内并剥旋三到五圈即可除去缆线的外护套。

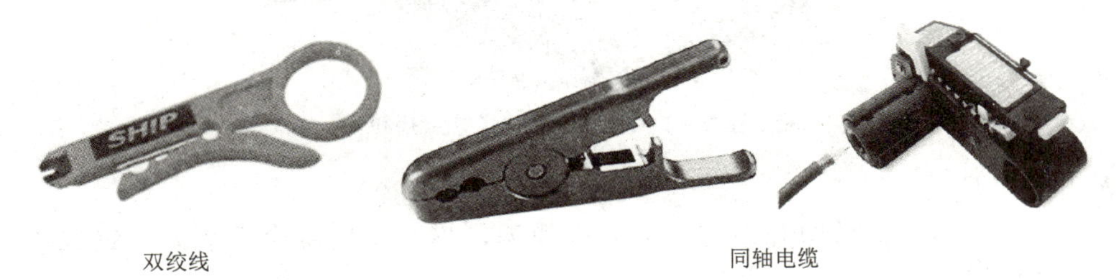

图 2－2－20　剥线器

6. 手掌保护器

因为把双绞线的 4 对芯线卡入信息模块的过程比较费劲，并且由于信息模块容易划伤手，于是就有公司专门制作了一种打线保护装置——手掌保护器，这样信息模块嵌套保护装置就会更加方便地把线卡入信息模块中，而且也可以起到隔离手掌，保护手的作用。手掌保护器如图 2－2－21 所示。

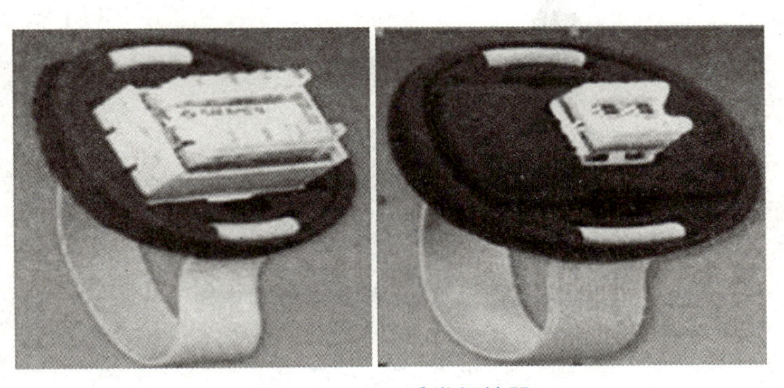

图 2－2－21　手掌保护器

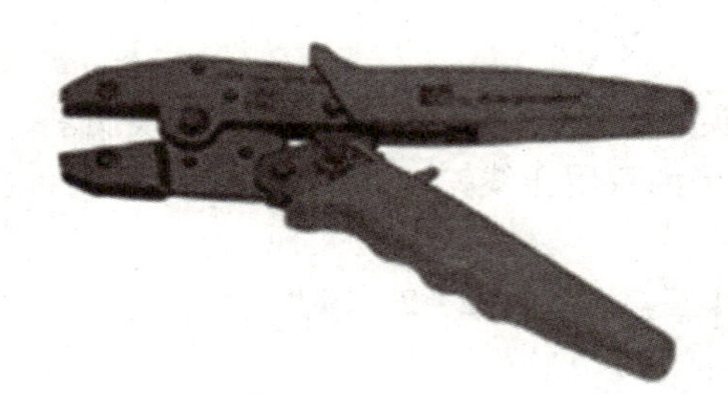

图 2－2－22　IDEAL 公司的压线钳

7. 同轴电缆压线钳

压线钳可以更换压接模具，能够压接 RG–6、RG–9、RG–58、RG–59、RG–62 和有线电视 F 型等类型的接头。图 2－2－22 所示为 IDEAL 公司的压线钳。

8. 光纤端接工具

1）光纤熔接机

光纤熔接机是利用高压放电的方法将两根光纤的连接点熔化并连接在一起，实现光纤的永久性连接。图 2－2－23 所示为全自动光纤熔接机。

图 2－2－23　全自动光纤熔接机

2）开缆工具

开缆工具主要包括横向开缆刀，纵向开缆刀，横、纵向综合开缆刀，钢丝钳等，如图 2－2－24 所示。

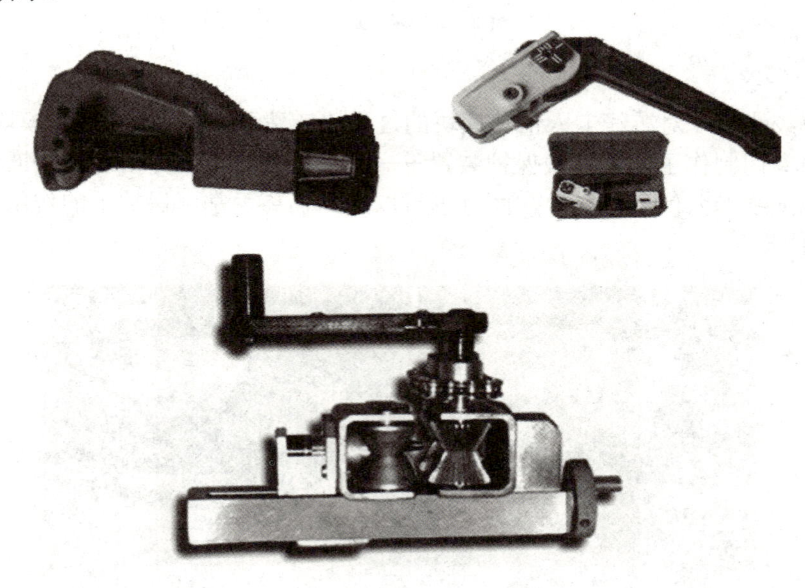

图 2－2－24　开缆工具

3）光纤剥离钳

用于玻璃光纤涂覆层和外护层的光纤剥离钳的种类很多。双口光纤剥离钳，它具有双开口、多功能的特点。钳刃上的 V 形口用于精确剥离 250 μm、500 μm 的涂覆层和 900 μm 的缓冲层。第二开孔用于剥离 3mm 的尾纤外护层。所有的切端面都有精密的机械公差以保证干净平滑地操作。不使用时可使刀口锁在关闭状态。光纤剥离钳如图 2－2－25 所示。

4）光纤切割机

光纤切割机用于切割头发一样细的光纤，切出来的光纤用几百倍的放大镜可以看出来是平的，切后且平的两根光纤才可以放电对接。如图 2－2－26 所示为光纤切割机。

目前使用光纤的材料为石英，所以光纤切割机所切的材质是有要求的：

（1）适应光纤：单芯或多芯石英裸光纤。

（2）适应的光纤包层直径为 100～150 μm。

图 2－2－25　光纤剥离钳

图 2－2－26　光纤切割机

5）光纤工具箱

光纤工具箱主要使用于通信光缆线路的施工、维护、巡检及抢修等过程中，提供通信光缆的截断、开剥、清洁以及光纤端面的切割等工具。光纤工具箱如图 2－2－27 所示。

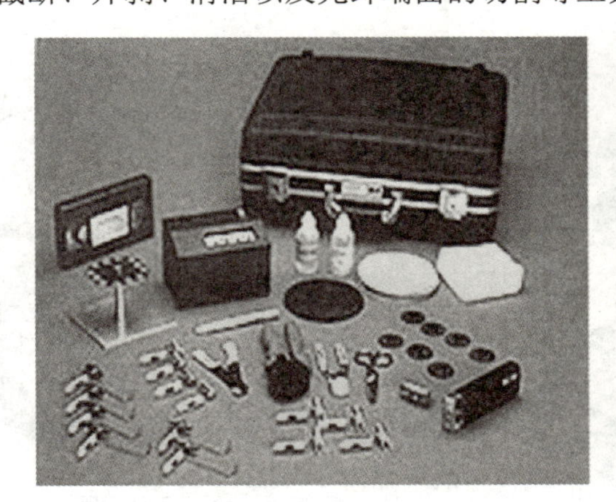

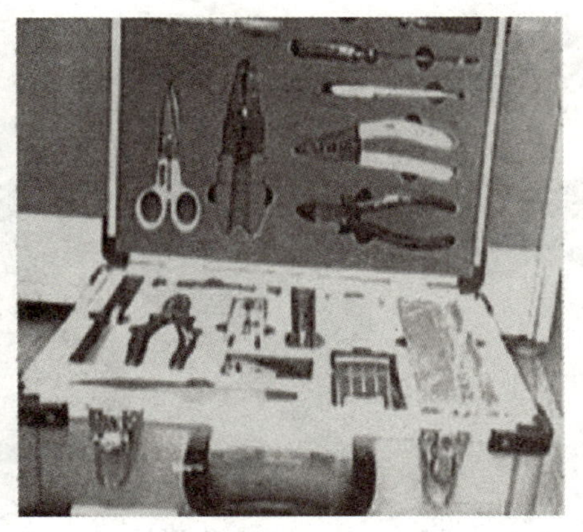

图 2－2－27　光纤工具箱

四、线缆敷设工具

1）线轴支架

线轴支架用于线路施工中支撑线盘进行放线，如图 2－2－28 所示。

图 2－2－28　线轴支架

2）牵引机

线缆牵引是指用一条拉线将线缆牵引穿入墙壁管道、吊顶和地板管道的操作。在施工中，应使拉线和线缆的连接点尽量平滑，因此要用电工胶带在连接点外面紧紧缠绕，以保证平滑和牢靠。牵引机分为电动牵引机和手摇式牵引机。图 2－2－29 所示为电动牵引机。

3）牵引线圈

施工人员遇到线缆需穿管布放时，多采用铁丝牵拉。由于普通铁丝的韧性和强度不是为布线牵引设计的，操作极为不便，施工效率低，还可能影响施工质量。国外在布线工程中已广泛使用牵引线圈，作为数据线缆或动力线缆的布放工具。

专用牵引线圈材料具有优异的柔韧性与高强度，表面为低摩擦系数涂层，便于在 PVC 管或钢管中穿行，可使线缆布放作业效率与质量大为提高。牵引线圈如图 2－2－30 所示。

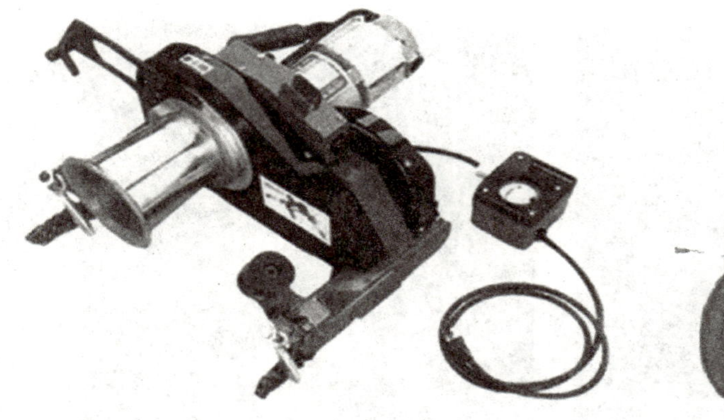

图 2－2－29　电动牵引机

图 2－2－30　牵引线圈

4）放线滑车

电缆滑车适用于各种条件的电缆铺设，轮子可以选用铝轮或尼龙轮，如图 2－2－31 所示。

图 2－2－31　放线滑车

五、常用测试工具

从工程的角度来说，常用测试工具可以分为两类，即电缆传输链路验证测试和电缆传输通道认证测试。

1. 电缆测试仪

电缆测试仪的主要任务是检测线路的通断情况。

1）DSP–100 电缆测试仪

DSP–100 是 Fluke 网络公司推出的 DSP 系列数字电缆分析仪中的一种。它配有不同的选件，可满足不同应用的电缆测试。使用 DSP–100 可以验证所作的布线系统是否符合 5 类线的标准。Fluke DSP–100 电缆测试仪如图 2－2－32 所示。

2）DSP–4000 电缆测试仪

DSP–4000 数字电缆测试仪是专用于6类线和光纤布线系统的高性能测试工具，如图2－2－33 所示。

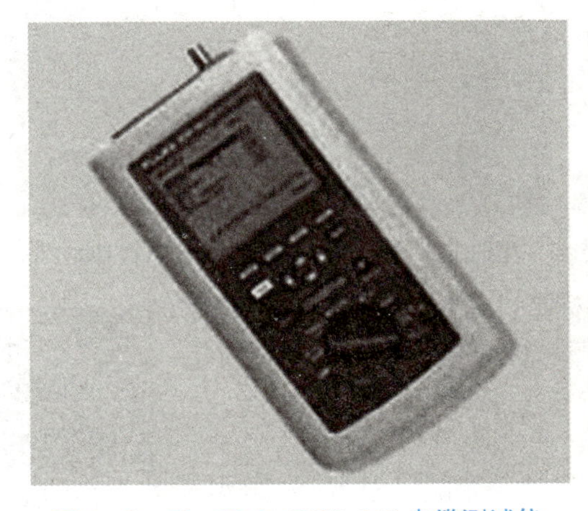

图 2－2－32　Fluke DSP–100 电缆测试仪

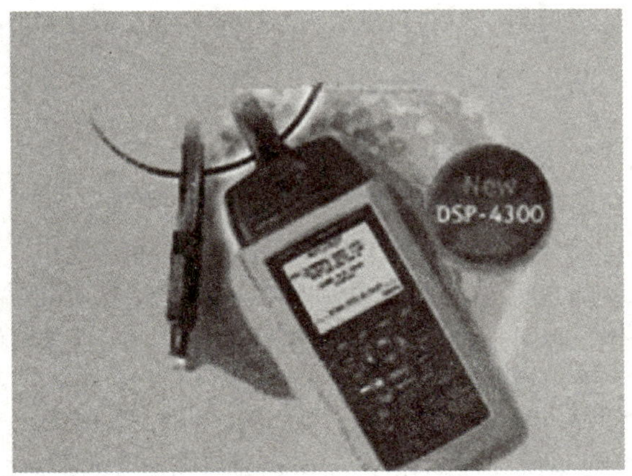

图 2－2－33　DSP–4000 电缆测试仪

3）Fluke 620 电缆测试仪

Fluke 620 电缆测试仪是一种常用的单端电缆测试仪，可以完成全部的综合布线验证测试，如图 2－2－34 所示。

2. 光纤测试仪

光纤的测试相对双绞线来说，测试的指标要少得多，主要是连续性和光纤衰减损耗的测试。它是通过测量光纤输入和输出的功率来分析连续性和衰减损耗的。

1）CertiFiber 多模光缆测试仪

用它的单键测试功能，CertiFiber 允许同时用两种波长测试两根光纤上的长度和衰减，并将结果与预先选定的工业标准比较，立即显示结果是否合乎标准。CertiFiber 多模光缆测试仪如图 2－2－35 所示。

图 2－2－34　Fluke 620 电缆测试仪

图 2－2－35　CertiFiber 多模光缆测试仪

2）光时域反射计（OTDR）

用光时域反射计测试光纤系统可以识别出由于拼接、接头、光纤破损或弯曲及系统中其他故障所造成的光衰减的位置及大小，可以分析出整个综合布线中的故障和潜在的问题。光时域反射计（OTDR）如图 2－2－36 所示。

图 2－2－36　光时域反射计（OTDR）

六、施工材料

1. 信息模块

信息模块是网络工程中经常使用的一种器材，分为 6 类、超 5 类、5 类，且有屏蔽和非屏蔽之分。信息模块满足 T–568A 超 5 类传输标准，符合 T568A 和 T568B 线序，适用于设备间与工作区的通信插座连接。信息模块如图 2－2－37 所示。

信息面板、模块、底盒

2. 面板、底盒

1）面板

常用面板分为单口面板和双口面板，面板外形尺寸符合国标 86 型、120 型。

图 2－2－37　信息模块

86 型面板的宽度和长度分别是 86 mm，通常采用高强度塑料材料制成，适合安装在墙面，具有防尘功能。

120 型面板的宽度和长度分别是 120 mm，通常采用铜等金属材料制成，适合安装在地面，具有防尘、防水功能，如图 2－2－38 所示。

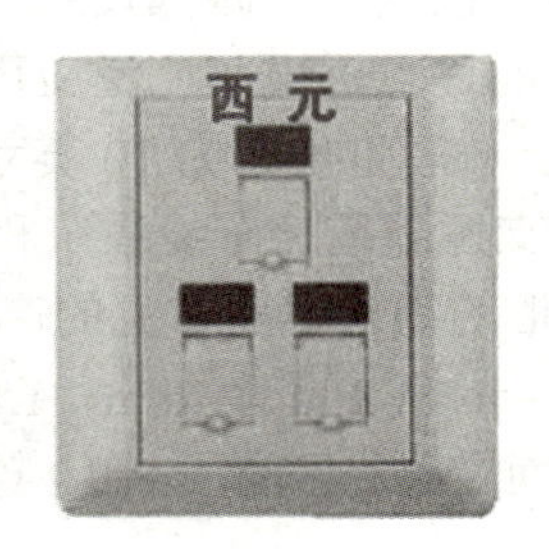

网络面板　　地插

图 2－2－38　面板

2）底盒

常用底盒分为明装底盒和暗装底盒，如图 2－2－39 所示。明装底盒通常采用高强度塑料材料制成，而暗装底盒有塑料材料制成的，也有金属材料制成的。

明装　　暗装

图 2－2－39　底盒

3. 配线架

配线架是管理间子系统中最重要的组件，是实现垂直干线和水平布线两个子系统交叉连接的枢纽，一般放置在管理区和设备间的机柜中。配线架通常安装在机柜内。通过安装附件，配线架可以全线满足 UTP、STP、同轴电缆、光纤、音视频的需要。在网络工程中常用的配线架有双绞线配线架和光纤配线架。双绞线配线架如图 2－2－40 所示。

超 5 类 24 口配线架　　超 5 类 48 口配线架　　超 5 类 110 型跳线架

图 2－2－40　双绞线配线架

4. 机柜

机柜主要用于安放网络设备，具有电磁屏蔽性能好，减低设备工作噪声，减小设备占地面积，以及设备安放整齐美观和便于管理维护的优点，现已广泛应用于安放布线配线设备、计算机网络设备、通信设备、系统控制设备等。一般将内宽为 19 英寸①的机柜称为标准机柜。标准机柜结构简单，主要包括基本框架、内部支撑系统、布线系统和散热通风系统。19 英寸标准机柜外形有宽度、高度、深度 3 个参数。机柜的物理宽度常见的产品为 600 mm 和 800 mm 两种，高度一般为 0.7～2.4 m，常见高度为 1.0 m、1.2 m、1.6 m、1.8 m、2.0 m 和 2.2 m，深度一般为 400～800 mm。根据柜内设备的尺寸而定，常见的成品 19 英寸机柜深度为 500 mm、600 mm 和 800 mm。

根据机柜外形分为立式机柜、挂墙式机柜和开放式机架 3 种，如图 2－2－41 所示。

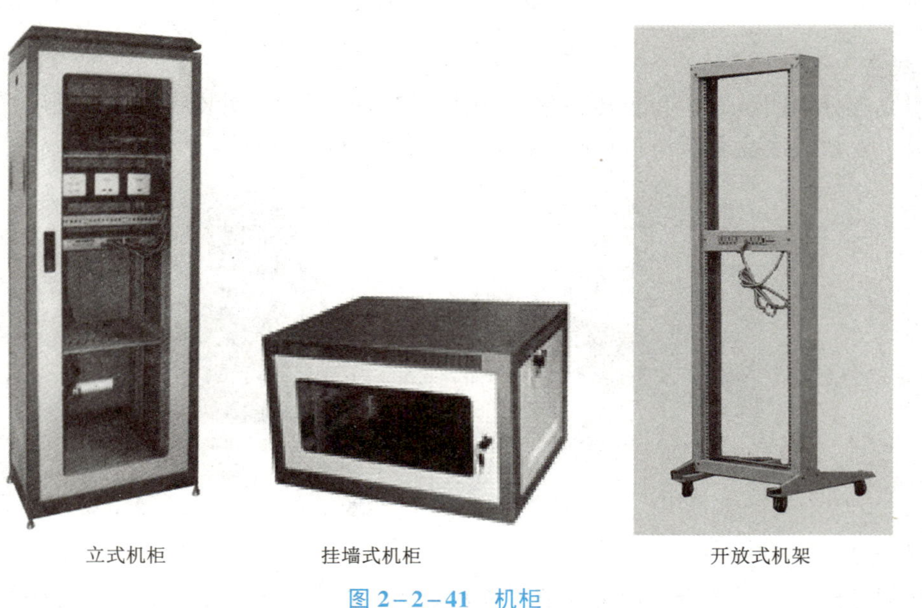

立式机柜　　挂墙式机柜　　开放式机架

图 2－2－41　机柜

① 1 英寸=2.54 厘米。

立式机柜主要用于综合布线系统的设备间，挂墙式机柜主要用于没有独立房间的楼层配线间。布线型机柜就是19英寸的标准机柜，其宽度为600 mm，深度为600 mm。服务器型机柜由于要摆放服务器主机、显示器、存储设备等，和布线型机柜相比要求空间要大，通风散热性能更好，前、后门一般都有透气孔，排热风扇也较多。

根据组装方式，机柜有一体化焊接型和组装型两种。组装型机柜是目前的主流结构，购买来的机柜都是散件包装，使用时组装安装简便。机柜性能与机柜的材料密切相关，机柜的制造材料主要有铝型材料和冷轧钢板两种。

机柜的制作工艺以及内部隔板、导轨、滑轨、走线槽、插座等附件也是主要的质量指标。

19英寸标准机柜内设备安装所占高度用一个特殊单位“U”表示，1 U=44.45 mm。使用19英寸标准机柜的设备面板一般都是按 *n*U 的规格制造的。

多少个“U”的机柜表示能容纳多少个“U”的配线设备和网络设备。

安装机柜时，需考虑以下因素：

（1）确定机柜的摆放位置。

（2）机柜内设备的摆放位置。

（3）机柜中电源的配置。

（4）接地。

5. 线管综合布线系统走线槽、架、管的产品选型

1）线管（钢管）

钢管按壁厚不同分为普通钢管（水压实验压力为2.5 MPa）、加厚钢管（水压实验压力为3 MPa）和薄壁钢管（水压实验压力为2 MPa）。

普通钢管和加厚钢管统称为水管，有时简称为厚管，它有管壁较厚、机械强度高和承压能力较大等特点，在综合布线系统中主要用在垂直干线上升管路、房屋底层。

薄壁钢管又简称薄管或电管，因管壁较薄，承受压力不能太大，常用于建筑物天花板内外部受力较小的暗敷管路。

工程施工中常用的金属管有 *D*16、*D*20、*D*25、*D*32、*D*40、*D*50、*D*63 等规格。

（1）一般管内填充物占30%左右。

（2）软管（俗称蛇皮管）供弯曲的地方使用。

（3）钢管具有屏蔽电磁干扰能力强，机械强度高，密封性能好，抗弯、抗压和抗拉性能好等特点。

（4）在机房的综合布线系统中，常常在同一金属线槽中安装双绞线和电源线，这时将电源线安装在钢管中，再与双绞线一起敷设在线槽中，起到良好的电磁屏蔽作用。

2）线管（塑料管）

（1）聚氯乙烯管材（PVC–U管）。

（2）高密聚乙烯管材（HDPE管）。

（3）双壁波纹管。

（4）子管。

（5）铝塑复合管。

（6）硅芯管和混凝土管等。

PVC管是综合布线工程中使用最多的一种塑料管，管长通常为4 m、5.5 m或6 m，具有

优异的耐酸、耐碱、耐腐蚀性，耐外压强度、耐冲击强度等都非常高，具有优异的电气绝缘性能，适用于各种条件下的电线、电缆的保护套管配管工程。线管（塑料管）如图 2－2－42 所示。

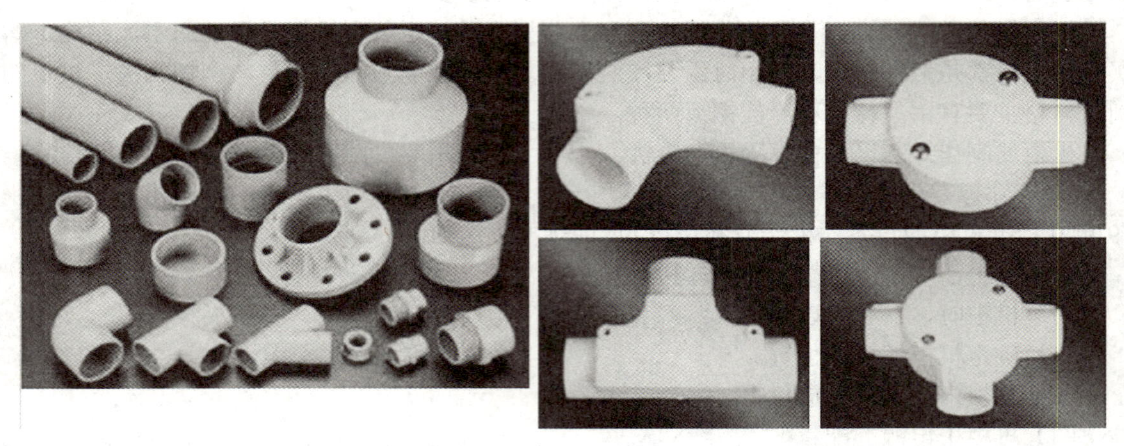

图 2－2－42 线管（塑料管）

3）线槽（PVC 塑料槽）

它是一种带盖板封闭式的管槽材料，盖板和槽体通过卡槽合紧。从型号上分，有 PVC–20 系列、PVC–40 系列、PVC–60 系列等。与 PVC 槽配套的连接件有：阳角、阴角、直转角、平三通、左三通、右三通、连接头、终端头等。PVC 槽配套的连接件如图 2－2－43 所示。

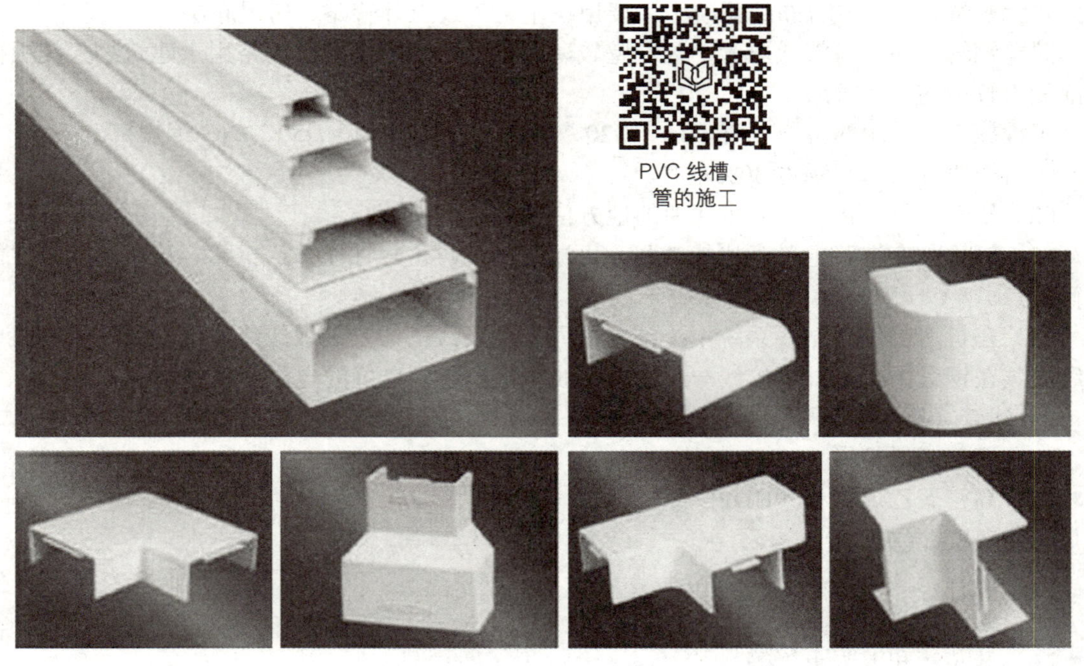

图 2－2－43 PVC 槽配套的连接件

综合布线材料与设备认识实训

【目的】

通过本项目认识综合布线工程中常用布线材料的品种与规格，并能在工程设计中正确选购使用。

【相关知识】

参见任务二。

【方法与内容】

以实物演示和实地参观为主进行实训。

（一）实训内容

（1）认识综合布线常用的传输介质：双绞线、光缆、同轴电缆。

（2）认识综合布线的端接设备：双绞线端接设备、光缆端接设备。

（3）认识综合布线的线材：线槽、管及配件、桥架。

（4）认识综合布线的机柜。

（二）实训方法

（1）在综合布线实训室演示以下材料：

① 5E 类和 6 类 UTP，大对数双绞线（25、50、100），STP 和 FTP 双绞线，室外双绞线。

② 单模和多模光纤，室内与室外光纤，单芯与多芯光纤。

③ 信息模块和免打信息模块，24 口配线架。

④ ST 头，SC 头，光纤耦合器，光纤终端盒，光纤收发器，交换机光纤模块。

⑤ 镀锌线槽及配件（水平三通、弯通、上垂直三通等），PVC 线槽及配件（阴角、阳角等），管，梯形桥架。

⑥ 立式机柜，挂墙式机柜。

⑦ 防蜡管，膨胀栓，标记笔，捆扎带，木螺钉，膨胀胶等。

（2）现场参观网络综合布线工地，认知上述材料在工程中的使用。

【收获和体会】

任务三　网络综合布线的工程设计

【目标】

熟练掌握网络综合布线一区、二间、三个子系统的设计与管理。

网络综合布线的工程设计

【工作任务】

（1）工作区设计。

（2）水平干线子系统设计。

（3）垂直干线子系统设计。

（4）建筑群子系统设计。

【相关知识】

一、对工作区子系统的认识及组建

（一）对工作区子系统的认识

（1）工作区是用户工作学习的区域，位于网络的末端，是用户的办公区域，提供工作区的计算机或其他终端设备与信息插座之间的连接，包括从信息插座延伸至终端设备的区域。工作区布线要求相对简单，这样就容易移动、添加和变更设备。在综合布线工程设计时，应根据用户的当前需求和未来发展，确定工作区的数量及在建筑物中的位置，并选择正确的布线方法和设备。工作区子系统由终端设备及其连接到水平子系统信息插座的跳接线（或软线）等组成。它包括信息插座、用户终端和连接其所需要的跳线。常见的终端设备有电话机、计算机、仪器仪表、传感器和各种各样的信息接收机。

（2）综合布线术语：

CD 建筑群配线设备；

BD 建筑物配线设备；

FD 楼层配线设备；

CP 集合点；

TO 信息插座；

TE 终端设备。

（3）工作区子系统的设计要点：

① 工作区内路由、线槽要布放得合理、美观。

② 安装在墙壁上的信息插座应距离地面 30 cm 以上。

③ 信息插座与计算机终端设备的距离保持在 5 m 以内。

④ 每个工作区至少应配置一个 220 V 交流电源插座，工作区的电源插座应选用带保护接地的单相电源插座，保护地线与零线应严格分开。

⑤ 终端网卡的类型接口要与线缆类型接口保持一致。

⑥ 估算好所有工作区所需的信息模块、信息插座、面板的数量。信息模块的需求量一般为：

$$m=n+n\times 3\%$$

式中，m 表示信息模块的总需求量；n 表示信息点的总量；$n\times 3\%$表示富余量。

⑦ 在使用双绞线跳线时所需的 RJ45 水晶头数量。RJ45 水晶头的需求量一般为：

$$m=n\times 4+n\times 4\times 15\%$$

式中，m 表示 RJ45 水晶头的总需求量；n 表示信息点的总量；$n\times 4\times 15\%$表示留有的富余量。

（4）工作区子系统设计步骤：理清需求，统计计算信息点分布情况，设计配置布线设备。

设计前期条件：

① 近期和远期终端设备要求。

② 信息插座数量和位置。

③ 终端的移动、修改、重新安排情况。

④ 一次性投资和分期建设比较。

⑤ FD 至信息插座之间的长度≤90 m，确定各层交换间的位置。

（5）信息插座数量的计算：

① 计算工作区总面积：不包括走廊、电梯厅、楼梯间、卫生间等面积。

② 工作区数量=工作区总面积÷工作区服务面积。

③ 信息插座的数量=工作区数量×每工作区内信息插座数量。

信息插座数量=电话插座数量+数据插座数量。

（6）配线子系统线缆与信息插座的选择：

通常配线子系统的水平电缆采用普通型铜芯 4 对对绞电缆，高速率采用光缆；配线设备交叉连接的跳线应选用综合布线专用的插接软跳线，电话可选用双芯跳线；信息插座应采用 8 位模块式通用插座或光缆插座；综合布线中有软跳线和硬跳线之分。一般我们自己用双绞线制作的跳线称为硬跳线，因为普通的双绞线的芯线一般为单根的实线芯，线缆比较硬，不利于弯曲。相对的软跳线就是芯线都是由多股细铜丝组成，这样做成的双绞线比较软。软跳线制造工艺较好，好理线、不容易折断，用起来方便，价格也比较高。

（7）信息插座连接技术要求：信息插座是终端（工作站）与水平子系统连接的接口，每个工作区至少要配置一个插座盒。对于难以再增加插座盒的工作区，要至少安装两个分离的插座盒。如图 2–3–1 所示，8 针模块化信息输入/输出（I/O）插座，是为所有的综合布线系统推荐的标准 I/O 插座，它的 8 针结构能够灵活地为单一 I/O 配置提供对数据、语音、图像或三者组合的支持。综合布线系统的信息插座选用 8 芯插座。

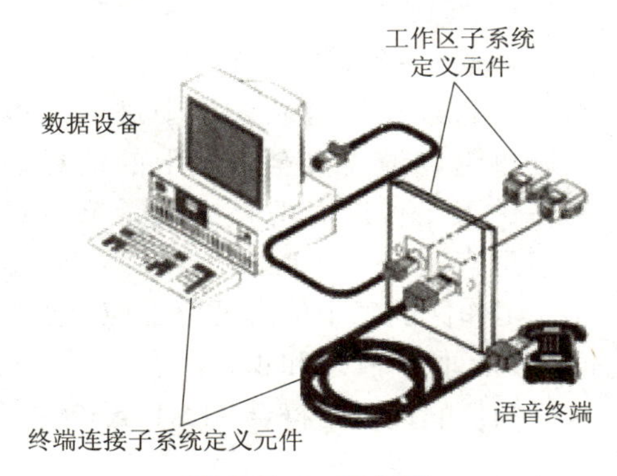

图 2–3–1　工作区

跳线与信息模块压线时有两种方式：T568–A 方式和 T568–B 方式。

（二）工作区子系统的设计方法

1. 工作区子系统信息插座安装位置的确定

对于办公楼环境而言，办公空间有大开间，也有四壁的小房间。对这两种形式下的工作区子系统的设计，应采用两种不同的方法。小房间不需要分隔板，信息插座只需安装在墙上，通常按每 10 m² 一个双孔信息插座进行设计；对于大开间而言，有时需要使用分隔板（隔断）将大开间分成若干小工作区。因为分隔断可能会经常变化，所以信息插座的选用、安装方法和安装位置就要受到隔断的影响。从目前情况来看，大开间的信息插座通常会安装在高架地板或直接接到桌面上。RJ45 嵌入式信息插座与其旁边的电源插座应保持 20 cm 的距离，安装在墙壁上的信息插座和电源插座的高度应距离地面 30 cm 左右。

2. 工作区子系统的布线方法

工作区内的布线主要包括埋入式、高架地板布线式和护壁板式、线槽式等几种方式。

1）埋入式

在房间内埋设线缆的两种方式，一种是埋入地板垫层中，另一种是埋入墙壁内。在建筑

物施工或装修时，根据需要在楼层的地板中或墙壁内预先埋入槽管，并在槽管内放置用于拉线的引线，以便日后布线时使用。这些属于隐蔽性工程。由于埋入式布线方式需要把线缆埋入地板垫层或墙壁内，因此，比较适合于新建建筑物小房间工作区的布线。

2）高架地板布线式

如果工作区的地面采用高架地板（如防静电地板），那么工作区布线可以采用高架地板布线方式。该方式非常适合于面积较大且信息点数量较多的场合，施工简单，管理方便，布线美观，并且可以随时扩充。目前的计算机房大都采用这种方式。高架地板布线方式在地板下走线，先在高架地板下面安装布线槽，然后将从走廊地面或桥架中引入线缆穿入管槽，再连接至安装于地板的信息插座；也可以在高架地板下面直接布放线缆。

3）护壁板式

所谓护壁板式，是指将布线管槽沿墙壁固定，并隐藏在护壁板内的布线方式。该方式无须剔挖墙壁和地面，也不会对原有的建筑造成破坏，因而被大量地用于旧楼的信息化改造。该方式通常使用桌上式信息插座，信息插座通常只能沿墙壁布放，因此适用于面积不大且信息点数量较少的场合。

4）线槽式

对于一些旧的建筑，最简单的方式是采用在墙壁上敷设线槽（管）的方式来布线。当水平布线沿管槽从楼道中进入工作区时，可以直接连接至工作区内的布线线槽中，也可以再沿管道连接至墙壁上的信息插座。当水平布线沿桥架从楼道中进入工作区时，应当在进入工作区时改换布线管槽，然后沿墙壁而下，通过管槽连接至地面上或墙壁上的各信息点。

工作区的每个信息插座都应该支持电话机、数据终端、计算机及监视器等终端设备，同时，为了便于管理和识别，有些厂家的信息插座做成多种颜色：黑、白、红、蓝、绿、黄，这些颜色的设置应符合 TIA/EIA606 标准。工作区的布线材料主要是连接信息插座与计算机的跳线以及必要的适配器。

（三）设备的选择要求

1. 跳线

对跳线的选择，应当遵循以下规定：

跳线使用的线缆必须与水平布线完全相同，并且完全符合布线系统标准的规定，每个信息点需要一条跳线。跳线的长度通常为 2～3 m，最长不超过 5 m，如果水平布线采用超 5 类非屏蔽双绞线，从节约投资的角度看，可以手工制作跳线。如果采用 6 类或 7 类布线，则建议购置成品跳线，如果水平布线采用光缆，那么，光纤跳线的芯径与类别必须与水平布线保持一致。

2. 适配器

工作区适配器的选用应符合下列要求：

在设备连接器处采用不同信息插座的连接器时，可以采用专用电缆或适配器。当在单一信息插座上进行两项服务时，应用“Y”型适配器；在水平子系统中选用的电缆类别（介质）不同于设备所需的电缆类别时，应采用适配器；在连接使用不同信号的数/模转换或数据速率转换等相应的装置时，应采用适配器；对于网络规程的兼容性，可用配合适配器。

二、水平干线子系统工程技术

（一）水平子系统

水平子系统也称水平干线子系统，是整个布线系统的一部分，一般在一个楼层上，是从工作区的信息插座开始到管理间子系统的配线架。

水平子系统指从楼层配线间至工作区用户信息插座（FD－TO）之间的区域，由用户信息插座、水平电缆、配线设备等组成。综合布线中水平子系统是计算机网络信息传输的重要组成部分。采用星型拓扑结构，一般由4对UTP线缆构成，如果有磁场干扰或是信息保密时，可用屏蔽双绞线，高带宽应用时，可用光缆。每个信息点均需连接到管理间子系统。最大水平距离为90 m（295 ft），指从管理间子系统中的配线架的JACK端口至工作区的信息插座的电缆长度。工作区的patch cord、连接设备的patch cord、cross－connection线的总长度不能超过10 m，因为双绞线的传输距离是100 m。水平布线系统施工是综合布线系统中最大量的工作，在建筑物施工完成后，不易变更，通常都采取“水平布线一步到位”的原则。因此要施工严格，保证链路性能。

综合布线的水平线缆可采用5类、超5类双绞线，也可采用屏蔽双绞线，甚至可以采用光纤到桌面。

水平布线应采用星型拓扑结构，每个工作区的信息插座都要和管理区相连。每个工作区一般需要提供语音和数据两种信息插座。

水平干线子系统与垂直干线子系统的区别在于：垂直干线子系统通常位于建筑物内垂直的弱电间，而水平干线子系统通常处在同一楼层上，线缆一端接在配线间的配线架上，另一端接在信息插座上；垂直干线子系统通常采用大对数双绞电缆或光缆，而水平干线子系统多为4对非屏蔽双绞电缆，能支持大多数终端设备，在有磁场干扰或信息保密时用屏蔽双绞线，在高宽带应用时采用光缆。水平干线子系统如图2－3－2所示。

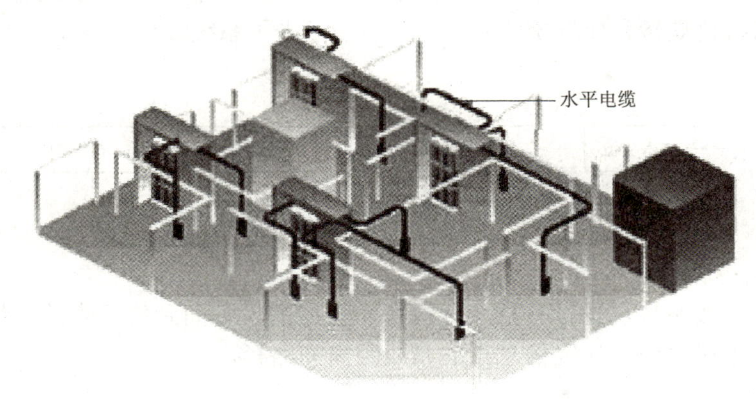

图2－3－2　水平干线子系统

（二）水平子系统的施工材料与工具

PVC塑料管、管接头、管卡、十字头螺钉旋具、钢锯、线槽剪、螺钉、网络双绞线、RJ45

网络模块，如图 2-3-3 所示。

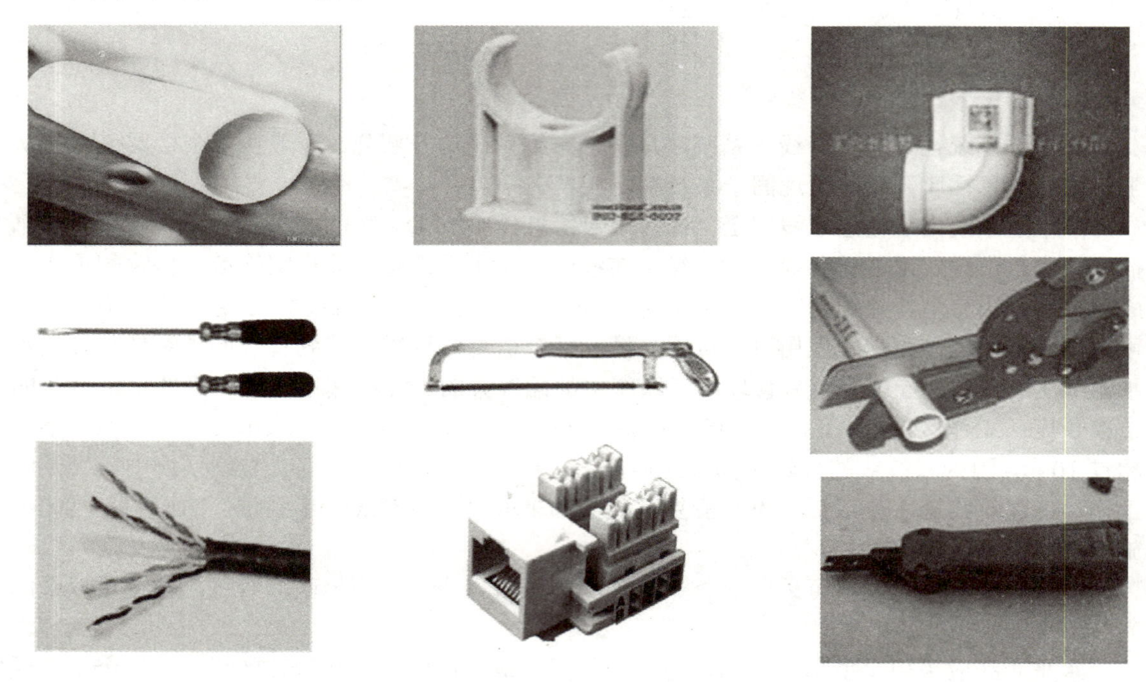

图 2-3-3　水平子系统的施工材料与工具

（三）水平干线子系统的设计方法

水平干线子系统设计的步骤一般为，首先进行需求分析，与用户进行充分的技术交流和了解建筑物用途，然后认真阅读建筑物设计图纸，确定工作区子系统信息点位置和数量，完成点数表；其次进行初步规划和设计，确定每个信息点的水平布线路径；最后进行确定布线材料规格和数量，列出材料规格和数量统计表。综合布线水平子系统设计一般工作流程如图 2-3-4 所示。

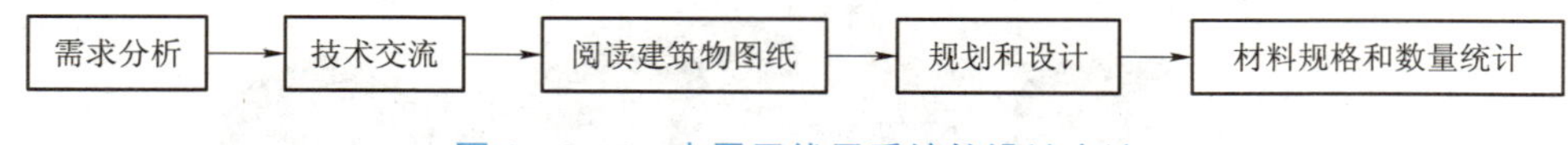

图 2-3-4　水平干线子系统的设计方法

1. 需求分析

需求分析首先按照楼层进行分析，分析每个楼层的设备间到信息点的布线距离、布线路径，逐步明确和确认每个工作区信息点的布线距离和路径。

2. 技术交流

由于水平干线子系统往往覆盖每个楼层的立面和平面，布线路径也经常与照明线路、电器设备线路、电器插座、消防线路、暖气或者空调线路有多次的交叉或者并行，因此不仅要与技术负责人交流，也要与项目或者行政负责人进行交流。在交流中重点了解每个信息点路径上的电路、水路、气路和电器设备的安装位置等详细信息。在交流过程中必须进行详细的书面记录，每次交流结束后要及时整理书面记录。

3. 阅读建筑物图纸

索取和认真阅读建筑物设计图纸是不能省略的程序，通过阅读建筑物图纸掌握建筑物的土建结构、强电路径、弱电路径，特别是主要电器设备和电源插座的安装位置，重点掌握在综合布线路径上的电器设备、电源插座、暗埋管线等。在阅读图纸时，进行记录或者标记，正确处理水平干线子系统的布线与电路、水路、气路和电器设备的直接交叉或者路径冲突问题。

4. 水平干线子系统的规划和设计

水平干线子系统线缆的布线距离规定：

按照 GB 50311—2016 国家标准的规定，水平干线子系统属于配线子系统，对于线缆的长度做了统一规定，配线子系统各线缆长度应符合图 2-3-5 的划分并应符合下列要求：

配线子系统信道的最大长度不应大于 100 m。其中水平线缆长度不大于 90 m，一端工作区设备连接跳线不大于 5 m，另一端设备间（电信间）的跳线不大于 5 m，如果两端的跳线之和大于 10 m 时，那么水平线缆长度（90 m）应适当减少，保证配线子系统信道最大长度不大于 100 m。

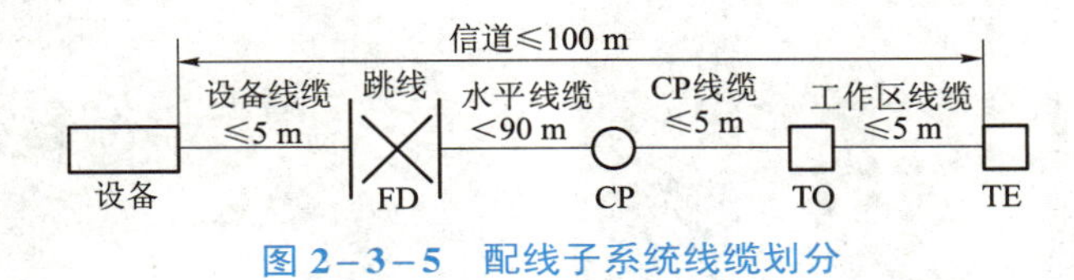

图 2-3-5　配线子系统线缆划分

信道总长度不应大于 2 000 m。信道总长度包括综合布线系统水平线缆和建筑物主干线缆及建筑群主干线缆三部分之和。

建筑物或建筑群配线设备之间（FD 与 BD、FD 与 CD、BD 与 BD、BD 与 CD 之间）组成的信道出现 4 个连接器件时，主干线缆的长度不应小于 15 m。

（四）水平干线子系统的材料计算

（1）确定布线方法和走向。

（2）确立每个干线配线间或交接间所要服务的区域。

（3）确认离配线间 I/O 点最远的距离（L）。

（4）确认离配线间 I/O 点最近的距离（S）。

按照可能采用的电缆路由测量每个电缆走线距离。

平均电缆长度=最远的（L）和最近的（S）两条电缆路由之和除以 2。

总平均电缆长度=平均电缆长度+备用部分（平均电缆长度的 10%）+端接容差 6 m

每楼层用线量的计算分式如下：

$$C = [0.55(L+S) + 6] \times n$$

式中，C 为每个楼层的用线量；L 为最远的信息插座离配线间的距离；S 为最近的信息插座离配线间的距离；n 为每层楼的信息插座。

整栋楼的用线量为：

$$W=C_1+C_2+C_3+C_4+\cdots$$

（5）订购电缆。

在订货之前，对包装形式要仔细考虑。通常 4 对电缆按箱计算，每箱 305 m/1 000 ft，25 对电缆按轴计算，每轴 305 m/1 000 ft。

每箱可布电缆条数=最大可订购长度÷电缆走线的总平均长度

所需订购箱数= I/O 总数÷可布电缆条数/箱

例如：S=13 m，L=76 m，I/O 数=266，则：

平均总电缆长度=[0.55 × (76+13)+6]=54.95（m）

305÷54.95=5.55（5 根/箱）——向下取整

266÷5=53.2（54 箱）——向上取整

（五）水平干线子系统的布线方式

水平干线子系统的布线方式如图 2－3－6 所示。

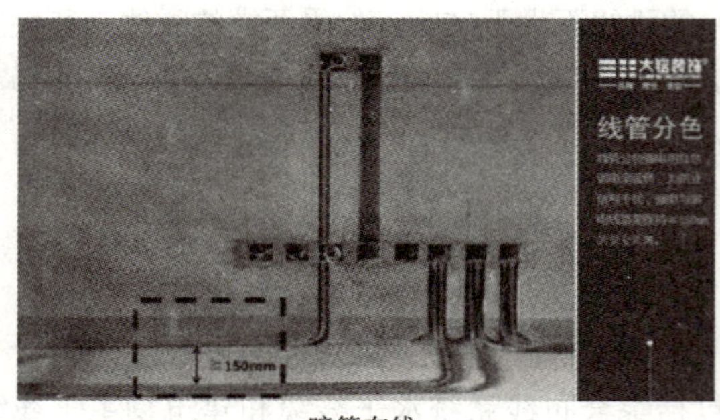

暗管布线

桥架布线方式

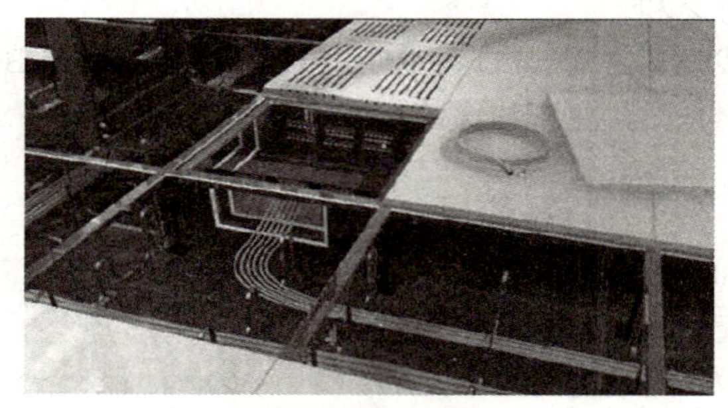
地面敷设布线方式

图 2－3－6　水平干线子系统的布线方式

1. 暗管布线方式

暗管布线方式是将各种穿线管提前预埋设或者浇筑在建筑物的隔墙、立柱、楼板或地面中，然后穿线的布线方式。

2. 桥架布线方式

桥架布线方式是将支撑线缆的金属桥架安装在建筑物楼道或者吊顶等区域，在桥架中再集中安装各种线缆的布线方式。桥架布线方式具有可集中布线和管理线缆的优点。

3. 地面敷设布线方式

地面敷设布线方式是先在地面铺设线槽，然后把线缆安装在线槽中的布线方式。一般应用在机房时，需要铺设抗静电地板。

（六）综合布线的图纸设计

综合布线的工程图纸是施工人员了解、熟悉工程项目的依据。综合布线的图纸清晰、直观地反映了网络和布线系统的结构、管线的路由和信息点的分布情况，便于施工人员组织施工。一个良好的综合布线工程设计与施工组织人员必须具备识图、看图的能力。综合布线工程中主要采用两种制图软件：AutoCAD 和 Visio，也可利用综合布线系统厂商提供的布线设计软件或其他绘图软件绘制。

1. 综合布线工程图

综合布线工程图一般由网络拓扑结构图、综合布线系统拓扑（结构）图、综合布线管线路由图、楼层信息点平面分布图、机柜配线架信息点布局图构成，如图 2－3－7～图 2－3－10 所示。

1）网络拓扑结构图

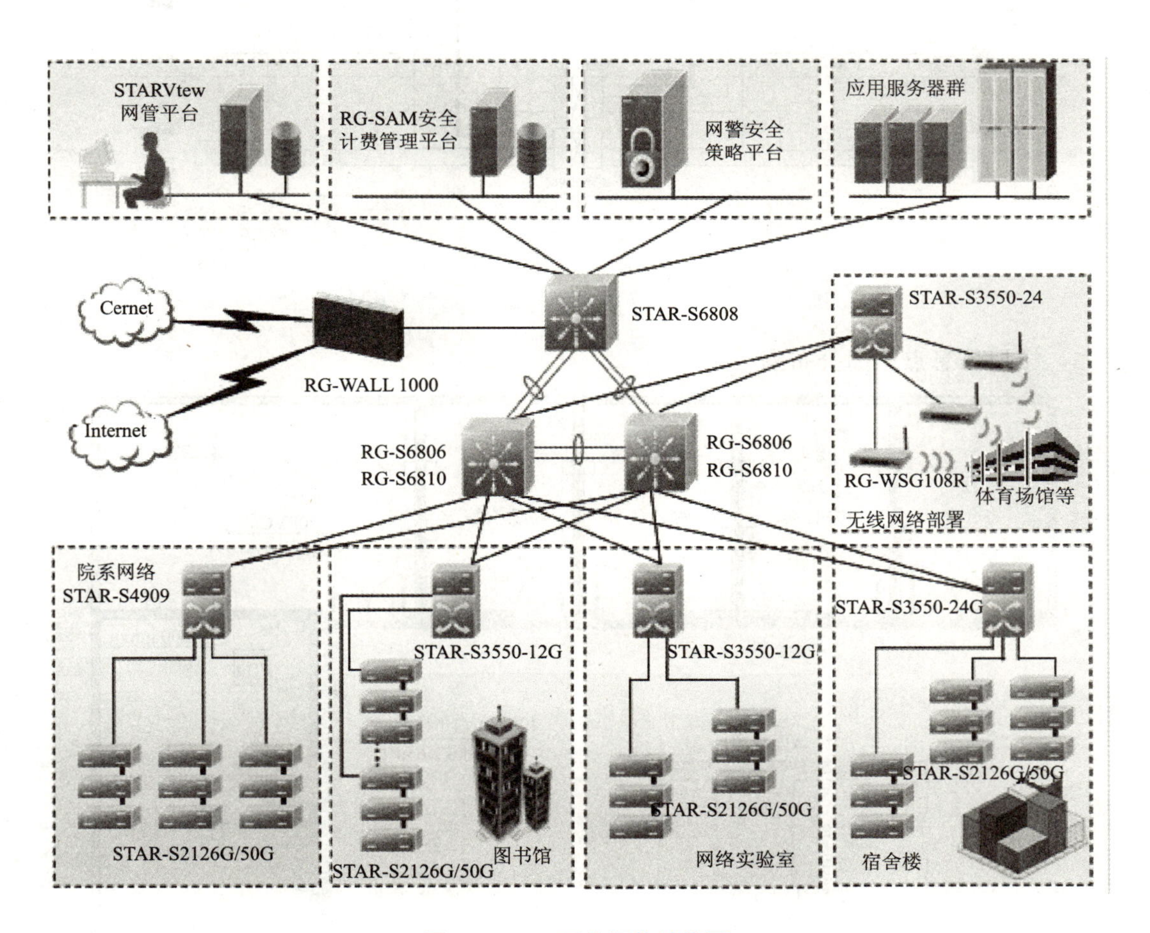

图 2－3－7　网络拓扑结构图

2）综合布线系统拓扑（结构）图

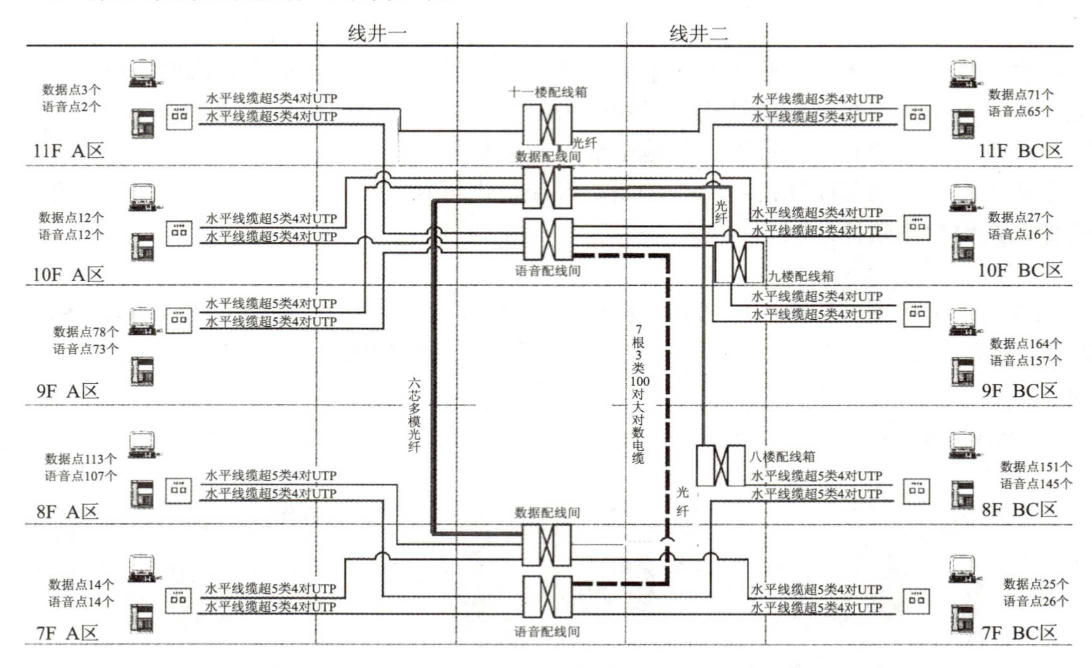

图 2-3-8　综合布线系统（数据+语音）拓扑图

3）楼层信息点平面分布图

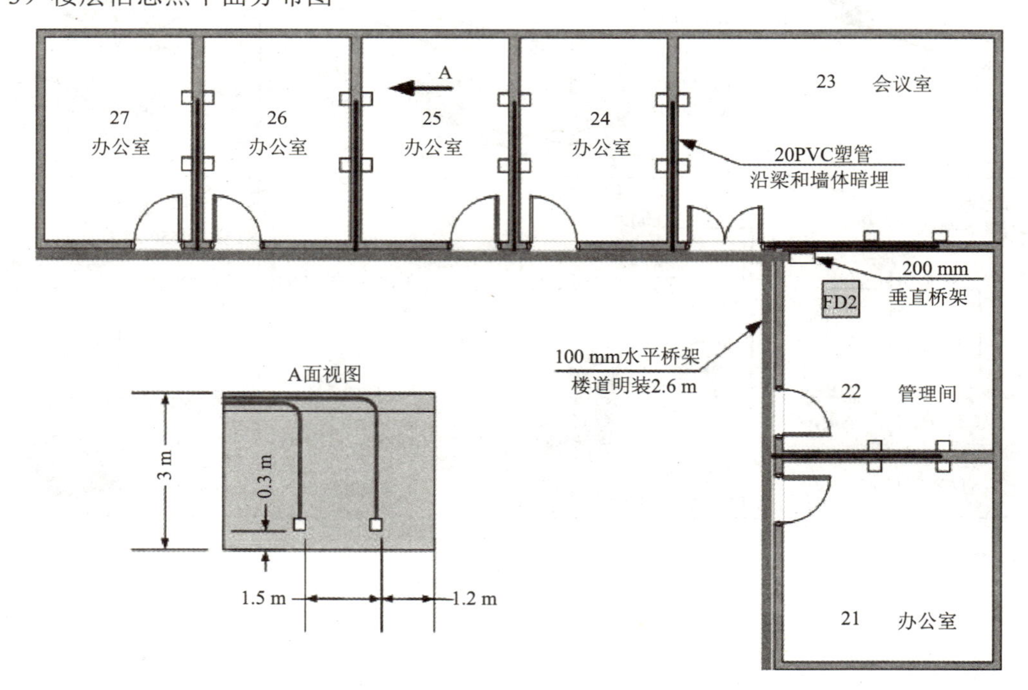

图 2-3-9　楼层信息点平面分布图

4）机柜配线架信息点布局图

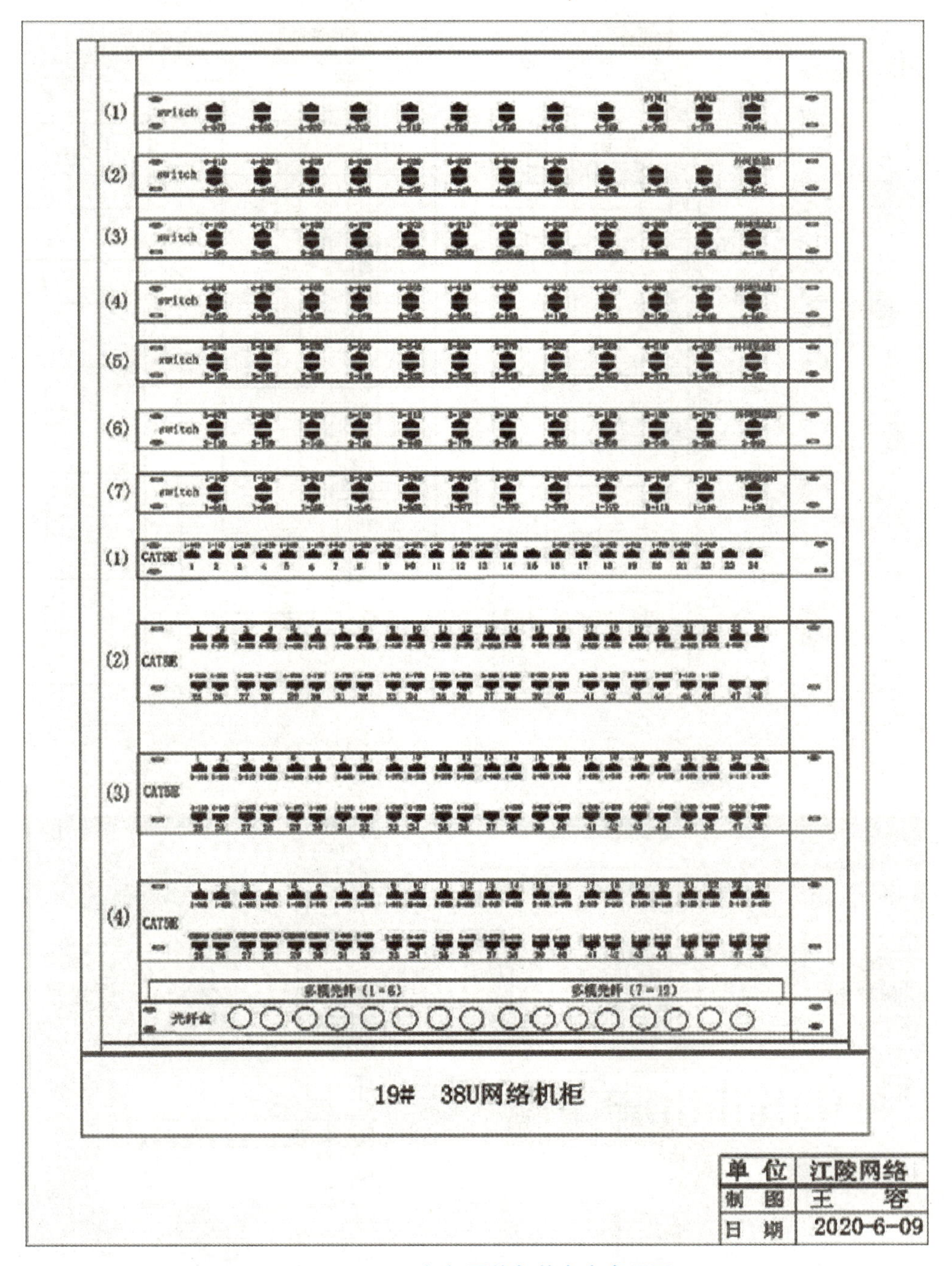

图 2-3-10　机柜配线架信息点布局图

2. Visio 制图软件的介绍

在综合布线中常用 Visio 绘制网络拓扑图、布线系统拓扑图、信息点分布图等。如图 2-3-11～图 2-3-16 所示。

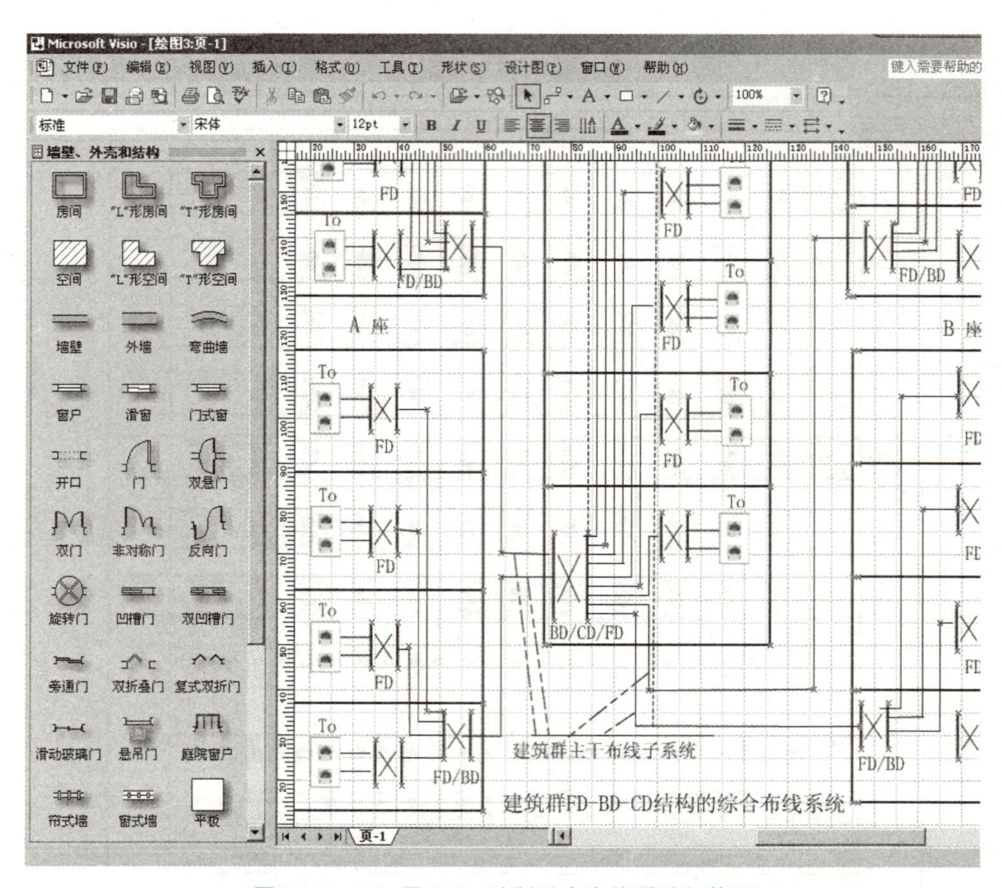

图 2-3-11　用 Visio 绘制综合布线系统拓扑图

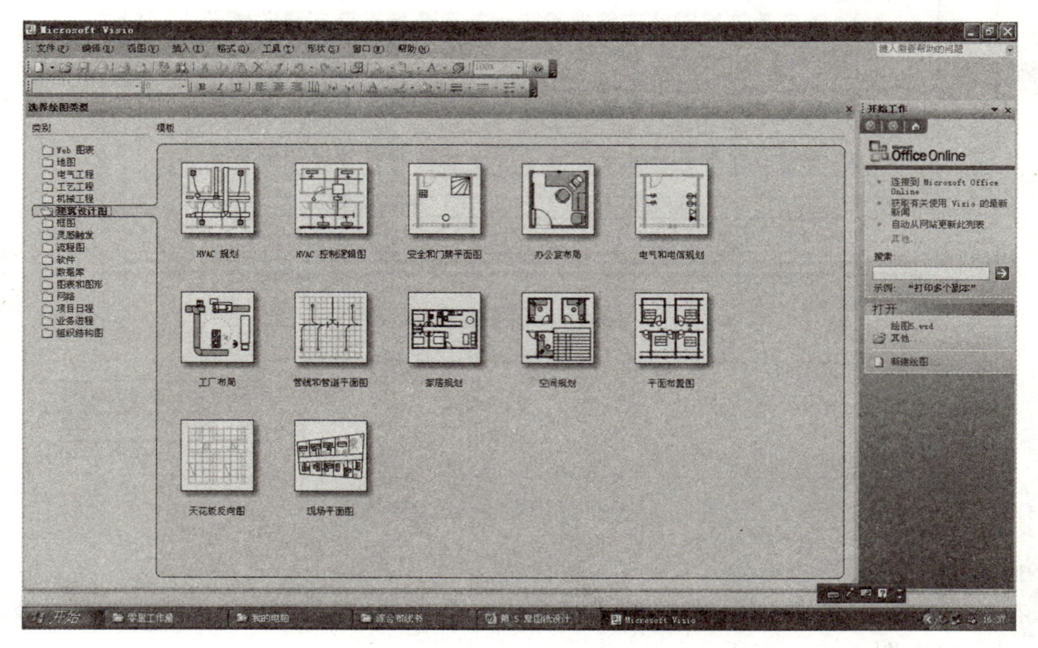

图 2-3-12　平面图的制作

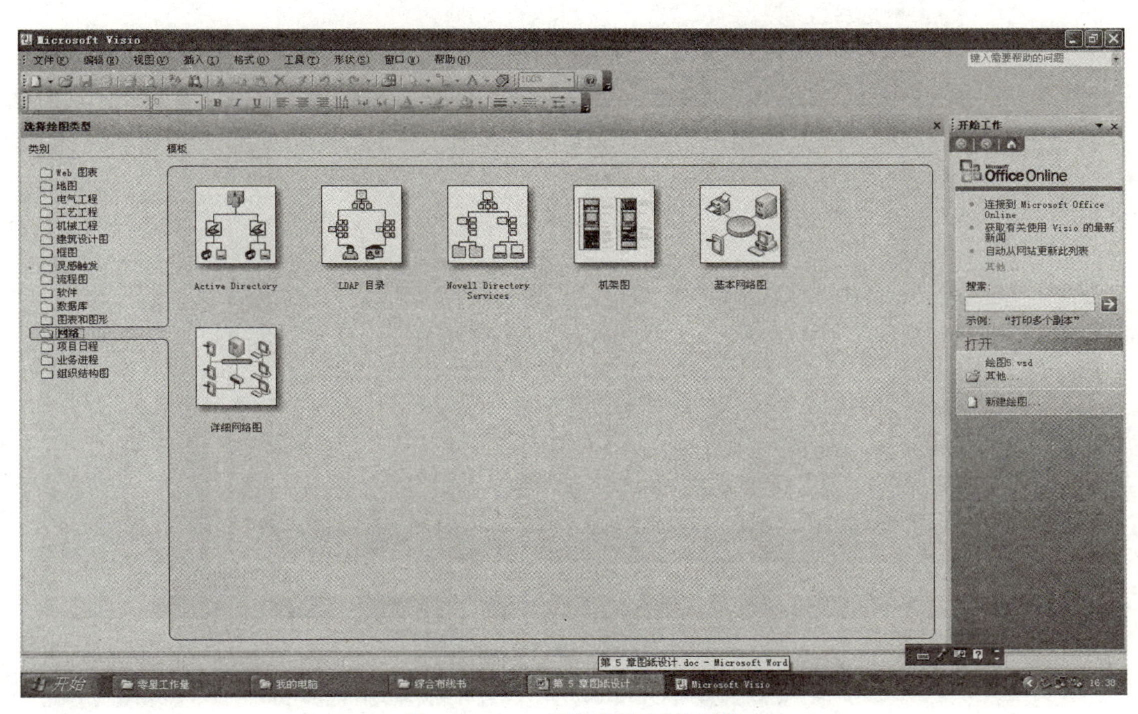

图 2-3-13　网络拓扑图的制作

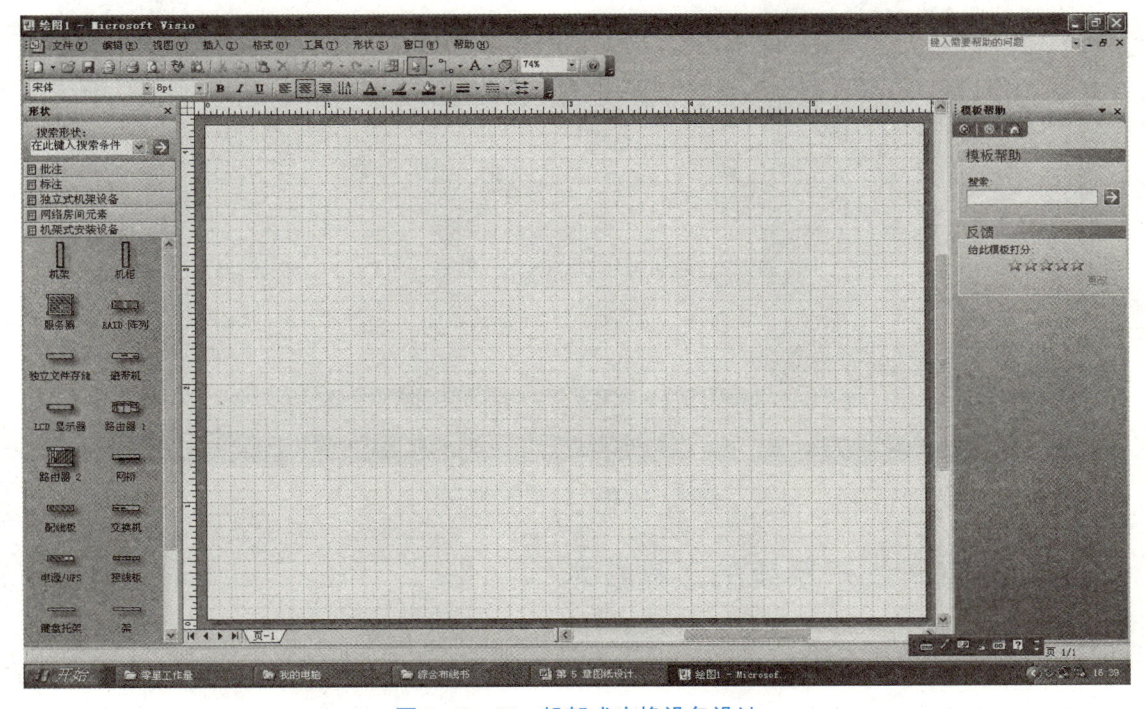

图 2-3-14　机架式交换设备设计

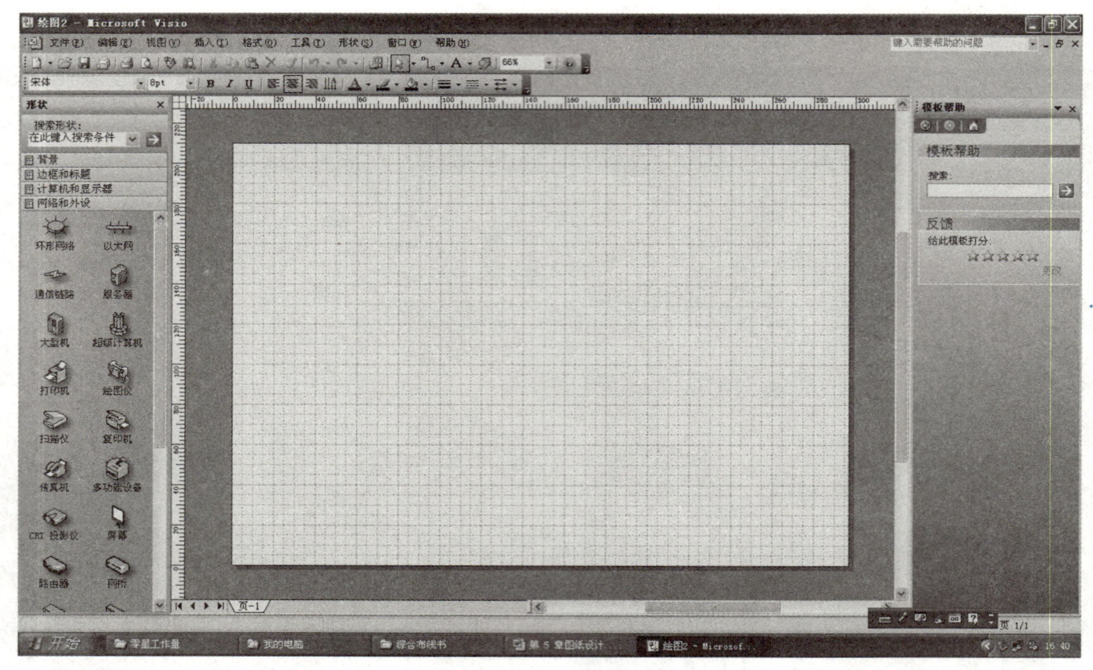

图 2-3-15　基本网络制作

图 2-3-16　详细网络制作

三、垂直干线子系统的工程技术

（一）垂直干线子系统

垂直干线子系统（见图 2-3-17）通常由主设备间（如计算机房、程控交换机房）提供建筑中最重要的铜线或光纤线主干线路，是整个大楼的信息交通枢纽。一般它提供位于不同楼层的设备间和布线框间的多条连接路径，也可连接单层楼的大片地区。

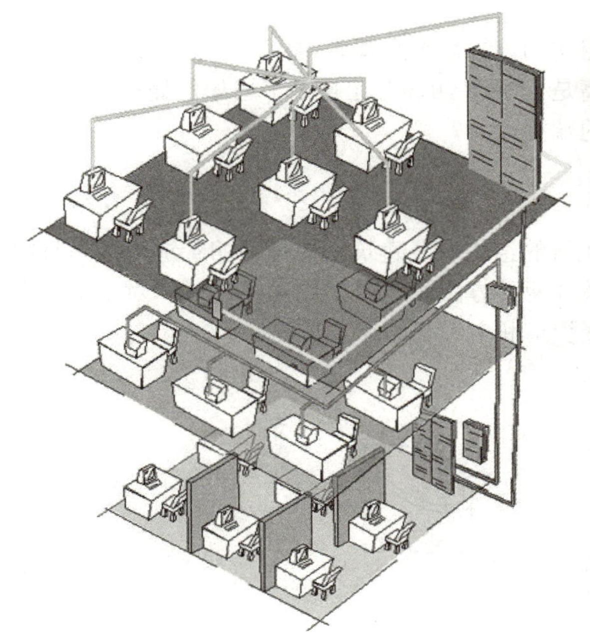

图 2－3－17　垂直干线子系统

（二）垂直干线子系统的设计原则

（1）在确定垂直干线子系统所需要的电缆总对数之前，必须确定电缆中语音和数据信号的共享原则。

（2）应选择干线电缆最短、最安全、最经济的路由。

（3）线缆不应布放在电梯、供水、供气、供暖、强电等竖井中。

（4）如果设备间与计算机房处于不同的地点，而且需要把语音电缆连至设备间，把数据电缆连至计算机房，则宜在设计中选干线电缆的不同部分来分别满足语音和数据的需要。

（三）垂直干线中的双绞线电缆设计时应注意的事项

（1）线要平直，走线槽，不要扭曲。

（2）两端点要标号。

（3）室外部要加套管，严禁搭接在树干上。

（4）双绞线不要拐硬弯。

（四）垂直干线子系统设计应考虑的问题

（1）在建筑物的各楼层中是否都有设置分配线间？如果部分楼层没有，该楼层的线缆汇总点在哪里？

（2）该建筑物的设备间位置在哪里？

（3）所有施工内容中选用哪种线缆类型？

（4）各分配线间与设备间的线缆路由是什么？采用竖井，还是电缆孔、电缆井？

（5）如果采用竖井，是否与强电合用？

（6）如果采用电缆孔或者电缆井，楼层切割位置是否合理？

（7）所有信息点距离配线间的最长距离是否超过 90 m？若超过了应如何处理？

（8）配线架端接信息点采用哪种类型的端接设备？

（五）垂直干线子系统布线通道的选择

垂直线缆的布线路由的选择主要依据建筑的结构以及建筑物内预埋的管道而定。目前垂直型的干线布线路由主要采用电缆孔和电缆井两种方法，如图 2－3－18 所示。对于单层平面建筑物，水平型的干线布线路由主要用金属管道和电缆托架两种方法。

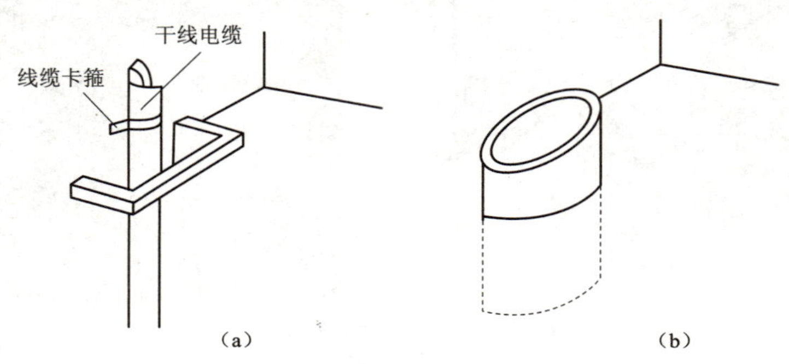

图 2－3－18　穿过弱电间地板的电缆井和电缆孔

（a）电缆井；（b）电缆孔

1. 电缆孔方式

通道中所用的电缆孔是很短的管道，通常用一根或数根外径为 63～102 mm 的金属管预埋在楼板内，金属管高出地面 25～50 mm，也可直接在地板中预留一个大小适当的孔洞。电缆往往绑在钢绳上，而钢绳固定在墙上已铆好的金属条上。当楼层配线间上下都对齐时，一般可采用电缆孔方法，如图 2－3－19 所示。

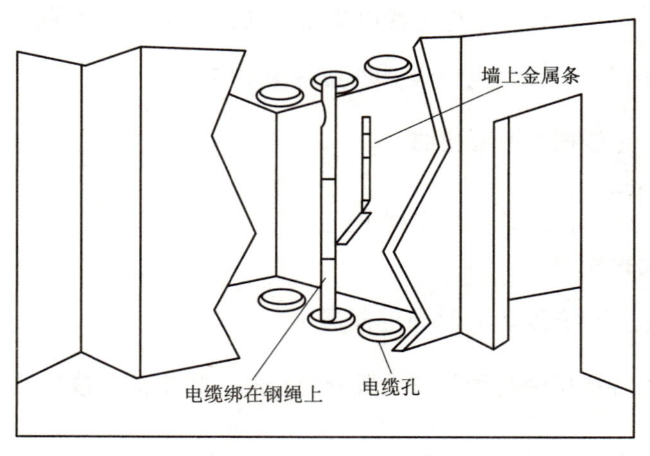

图 2－3－19　电缆孔方式

2. 管道方式

管道方式包括明管敷设和暗管敷设。

3. 电缆井方式

在新建工程中，推荐使用电缆井的方式。

电缆井是指在每层楼板上开出一些方孔，一般宽度为 30 cm，并有 2.5 cm 高的井栏，具体大小要根据所布线的干线电缆数量而定，如图 2－3－20 所示。电缆井比电缆孔更为灵活，可以让各种粗细不一的电缆以任何方式布设通过。但在建筑物内开电缆井造价较高，而且不使用的电缆井很难防火。

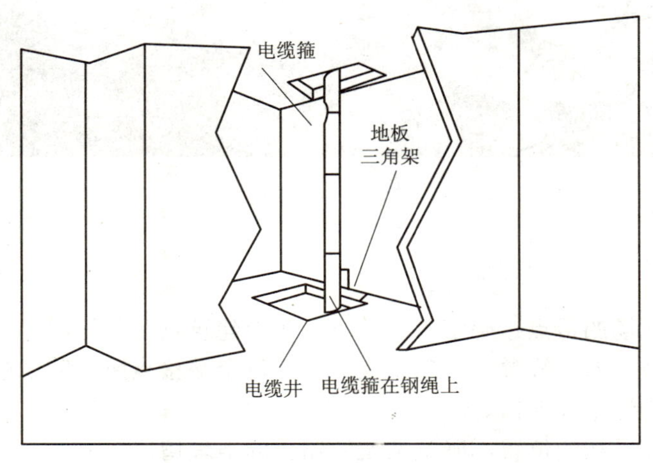

图 2－3－20　电缆井方式

（六）垂直干线子系统布线线缆选择

（1）4 对双绞线电缆（UTP 或 STP）。

（2）100 大对数对绞电缆（UTF 或 STP）。

（3）62.5/125 多模光缆。

（4）8.3/125 单模光缆。

（5）75 有线电视同轴电缆。

四、建筑群子系统工程技术

一个企业或某政府可能分散在几幢相邻建筑物或不相邻建筑物内办公，彼此间有语音、数据、图像和监控等联系，其连接各建筑物之间的传输介质和各种支持设备组成一个建筑群综合布线系统。

建筑群主干布线子系统：包括建筑群主干电缆、建筑群主干光缆、在建筑群配线架和建筑物配线架上的机械终端、建筑群配线架上的机械终端、建筑群配线架上的接插软线和跳线。

建筑群子系统（见图 2－3－21）宜采用地下管道或电缆沟的敷设方式。管道内敷设的铜缆或光缆应遵循电话管道和入孔的各项设计规定。此外安装时至少应预留 1～2 个备用管孔，以供扩充之用。建筑群子系统采用直埋沟内敷设时，如果在同一沟内埋入了其他的图像、监控电缆，应设立明显的共用标志。

图 2－3－21　建筑群子系统

（一）建筑群子系统设计的步骤

（1）确定敷设现场的特点：确定工地大小、多少建筑物互联等。

（2）确定电缆系统的一般参数：起止点位置，每个端接点所需的线缆数量。

（3）确定建筑物的电缆入口。

（4）确定明显障碍物的位置，确定架设线路上的地理情况。

（5）确定主用电缆路由和备用电缆路由。

（6）选择所需电缆类型和规格。

（7）确定每种选择方案所需的劳务成本。

（8）确定每种选择方案的材料成本。

（9）选择最经济、最实用的设计方案。

（二）建筑群子系统中电缆的敷设方法

1. 架空电缆布线

架空安装方法通常只用于现成电线杆，而且电缆的走法对于不是主要考虑内容的场合，从电线杆至建筑物的架空进线距离不超过 30 m（100 ft）为宜。建筑物的电缆入口可以是穿墙的电缆孔或管道。入口管道的最小口径为 50 mm（2 in）。建议另设一根同样口径的备用管道，如果架空线的净空有问题，可以使用天线杆型的入口。该天线的支架一般不应高于屋顶 1 200 mm（4 ft）。如果再高，就应使用拉绳固定。此外，天线型入口杆高出屋顶的净空间应有 2 400 mm（8 ft），该高度正好使工人可摸到电缆。

通信电缆与电力电缆之间的距离必须符合我国室外架空线缆的有关标准。

架空电缆通常穿入建筑物外墙上的 U 型钢保护套，然后向下（或向上）延伸，从电缆孔进入建筑物内部，电缆入口的孔径一般为 50 mm，建筑物到最近处的电线杆通常相距应小于 30 m。

2. 直埋电缆布线

直埋布线法优于架空布线法，影响选择此法的主要因素有初始价格、维护费、服务可靠性、安全性、外观。

切不要把任何一个直埋施工结构的设计或方法看作是提供直埋布线的最好方法或唯一方法。在选择某个设计或几种设计的组合时，重要的是采取灵活的、思路开阔的方法。这种方法既要适用，又要经济，还能可靠地提供服务。直埋布线的选取地址和布局实际上是针对每项作业对象专门设计的，而且必须对各种方案进行工程研究后再做出决定。工程的可行性决定了何者为最实际的方案。

由于发展趋势是让各种设施不在人的视野里，所以，语音电缆和电力电缆埋在一起将日趋普遍，这样的共用结构要求有关部门从筹划阶段直到施工完毕，以至在未来的维护工作中密切合作。这种协作会增加一些成本，但是，这种共用结构也日益需要用户的合作。PDS 为改善所有公用部门的合作而提供的建筑性方法将有助于使这种结构既吸引人，又很经济。

3. 管道系统电缆布线

管道系统的设计方法就是把直埋电缆设计原则与管道设计步骤结合在一起。当考虑建筑群管道系统时，还要考虑接合井。在建筑群管道系统中，接合井的平均间距约 180 m（600 ft），或者在主结合点处设置接合井。

接合井可以是预制的，也可以是现场浇筑的。应在结构方案中标明使用哪一种接合井。预制接合井是较佳的选择。现场浇筑的接合井只在下述几种情况下才允许使用：该处的接合井需要重建；该处需要使用特殊的结构或设计方案；该处的地下或头顶空间有障碍物，因而无法使用预制接合井；作业地点的条件（例如沼泽地或土壤不稳固等）不适于安装预制入孔。

4. 隧道内电缆布线

在建筑物之间通常有地下通道，大多是供暖供水的，利用这些通道来敷设电缆不仅成本低，而且可利用原有的安全设施。例如，考虑到暖气泄漏等条件，电缆安装时应与供气、供水、供暖的管道保持一定的距离，安装在尽可能高的地方，可根据民用建筑设施的有关条例进行施工。

实训一　工作区设计

（一）目的

（1）认识、了解工作区子系统的组成。
（2）了解 RJ45 信息模块的结构。
（3）组建及测试工作区子系统。

（二）设备

（1）综合布线与计算机网络系统实验装置。
（2）PC 机（带网卡）2 台。
（3）网络测试仪、RJ11+RJ45 压线钳各 1 套。
（4）超 5 类线、RJ45 水晶头若干。

（三）实验原理

1. RJ45 信息模块

RJ45 信息模块一般用于工作区水平电缆的端接，通常与跳线进行有效连接。本实验装置中采用 AMP 公司的信息模块，该信息模块的打线线序根据打线的标准，如 586A 标准或者 586B 标准，将线的颜色与信息模块上相应标准颜色的槽位相对应。

2. 工作区子系统

工作区子系统又称为服务区子系统，是基于通信设备的直接连接。

模块	RJ45数据线	PC机

图 2-3-22　工作区子系统结构框图

工作区布线子系统是由终端设备与用 RJ45 跳线连接到信息插座的电缆连线（或软线）组成的。其结构框图如图 2-3-22 所示。

本实验装置中模块 1 与配线架的第一个端口、模块 2 与配线架的第二个端口、模块 3 与配线架的第十九个端口、模块 4 与配线架的第二十个端口连接起来；其中模块 1 和模块 2 的接线方式采用 568B 标准，模块 3 和模块 4 采用 568A 标准，模块 5 和模块 6 闲置，用于用户实验。

（四）实验内容

（1）了解信息模块的结构及安装方法。

（2）认识、组建工作区子系统。

（3）工作区子系统的测试。

（五）实验步骤

1. 组建工作区子系统

（1）按照 ANSI/TIA/EIA 568B 类标准制作两根 RJ45 数据跳线。

（2）将一根做好的 RJ45 数据跳线插入信息模块 1 的左边接口，然后将跳线的另一端插入 1 台 PC 机的网卡接口。

（3）将另一根做好的 RJ45 数据跳线插入信息模块 2 的左边接口，跳线的另一端插入另一台 PC 机的网卡接口。

（4）启动两台 PC 机，右击桌面上的“网上邻居”图标，然后顺序单击“属性”→“本地连接”→“Internet 协议（TCP/IP）”，将一个网卡的 IP 地址设为：192.168.1.10，子网掩码设为：255.255.255.0，另外一台计算机网卡的 IP 地址设为：192.168.1.20，子网掩码设为：255.255. 255.0。

2. 测试工作区子系统

在 IP 地址为 192.168.1.10 的计算机上打开“开始”菜单，顺序单击“程序”→“附件”→“命令提示符”，并在“命令提示符”窗口中执行命令“Ping 192.168.1.20”。当出现“Reply from 192.168.1.20：bytes=32 time<10 ms TTL=64”，则表示该工作区子系统正常工作；当出现“Request timed out.”，表示工作区子系统网络不正常，则需对工作区子系统的连接进行检测。

（六）实验报告

（1）叙述工作区子系统的结构组成。

（2）叙述工作区子系统的测试过程。

（七）注意事项

在工程上，信息模块常常嵌入墙壁安装。

实训二 垂直干线子系统的设计

要求：

某一建筑物有 8 层楼，每层楼的信息点如表 2－3－1 所示。

表 2－3－1 某一建筑物每层楼的信息

序号	楼层	数据信息点/个	语音信息点/个
1	1	85	90
2	2	95	80
3	3	70	85
4	4	60	75
5	5	140	95
6	6	150	180
7	7	90	100
8	8	110	160

试计算这一建筑物所需要的光缆以及大对数电缆长度、芯数及类型。

（一）设计步骤

1. 主配线间

2. 确定交换机的数量

3. 光缆的芯数

4. 确定光缆的长度

5. 确定光缆的类型

（二）完成网络综合布线系统拓扑图的设计

【练习题】

1. 在水平干线子系统的布线方法中，（　　）采用固定在楼顶或墙壁上的桥架作为线缆的支撑，将水平线缆敷设在桥架中，装修后的天花板可以将桥架完全遮蔽。

A. 直接埋管式　　B. 架空式　　C. 地面线槽式　　D. 护壁板式

2. 水平干线子系统的网络拓扑结构都为星型结构，它是以______为主节点，各个通信引出端为分节点，二者之间采取独立的线路相互连接，形成向外辐射的星型线路网状态。

3. 设计水平子系统时必须折中考虑，优选最佳的水平布线方案。一般可采用 3 种类型：______、______和______。

4. 水平干线子系统有哪几种布线方法？各有什么特点？应用于何种建筑物？若一层楼信息点超过 300 个，应采用何种布线方法？

5. 阅读几个不同布线厂商提供的分别适用于小型公司、校园以及大型企业的完整的综合布线设计方案，了解目前一般厂商针对不同用户需求以及不同地理环境提供的网络布线产品和布线方法。

6. 请你考察所在教学楼或宿舍楼的环境以及楼中各用户对网络的需求，结合所学过的知识，选择合适的传输介质、网络线缆连接器和其他布线产品，采用适当的布线方法为该教学楼或者宿舍楼设计一个综合布线系统，并且写出网络布线方案。

任务四　配线间工程技术

【目标】

（1）掌握配线间的概念。

（2）熟悉配线间的设计要点。

（3）掌握配线间的选择原则。

配线间工程技术

【工作任务】

能够完成网络配线架和语音配线架的端接。

【相关知识】

配线间：连接水平电缆和垂直干线，是综合布线系统中关键的一环，常用设备包括快接式配线架、理线架、跳线和必要的网络设备。

它主要为楼层安装配线设备（为机柜、机架、机箱等安装方式）和楼层计算机网络设备（SW）的场地，并可考虑在该场地设置线缆竖井等电位接地体、电源插座、UPS 配电箱等设施。在场地面积满足的情况下，也可设置建筑物安防、消防、建筑设备监控系统、无线信号等系统的布缆线槽和功能模块的安装。如果综合布线系统与弱电系统设备合设于同一场地，从建筑的角度出发，一般也称为弱电间。

（一）划分原则

（1）可在建筑物的每层设置配线间，用来管理该层的信息点。

（2）配线间一般设置在每个楼层的中间位置，主要安装建筑物楼层配线设备，管理间子系统也是连接垂直子系统和水平干线子系统的设备。当楼层信息点很多时，可以设置多个管理间。

（二）设计原则

1. 配线架数量确定原则

配线架端口数量应该大于信息点数量，保证全部信息点过来的线缆全部端接在配线架中。在工程中，一般使用 24 口或者 48 口配线架。

2. 标识管理原则

由于管理间线缆和跳线很多，必须对每根线缆进行编号和标识，在工程项目实施中还需要将编号和标识规定张贴在该管理间内，方便施工和维护。

3. 理线原则

对管理间线缆必须全部端接在配线架中，完成永久链路安装。在端接前必须先整理全部线缆，预留合适长度，重新做好标记，剪掉多余的线缆，按照区域或者编号顺序绑扎和整理好，通过理线环，然后端接到配线架。不允许出现大量多余线缆缠绕和绞结在一起的情况。

4. 配置不间断电源原则

管理间安装有交换机等有源设备，因此应该设计有不间断电源，或者稳压电源。

5. 防雷电措施

管理间的机柜应该可靠接地，防止雷电以及静电损坏。

（三）标识管理

管理间子系统使用色标来区分配线设备的性质，标明端接区域、物理位置、编号、类别、规格等，以便维护人员在现场一目了然地加以识别。标识编制应按下列原则进行：

（1）规模较大的综合布线系统应采用计算机进行标识管理，简单的综合布线系统应按图纸资料进行管理，并应做到记录准确、及时更新、便于查阅。

（2）综合布线系统的每条电缆、光缆、配线设备、端接点、安装通道和安装空间均应给定唯一的标志。标志中可包括名称、颜色、编号、字符串或其他组合。

（3）配线设备、线缆、信息插座等硬件均应设置不易脱落和磨损的标识，并应有详细的书面记录和图纸资料。

（4）同一条线缆或者永久链路的两端编号必须相同。

（5）配线设备宜采用统一的色标区别各类用途的配线区。

（四）设计步骤

1. 需求分析

管理间的需求分析围绕单个楼层或者附近楼层的信息点数量和布线距离进行，各个楼层的管理间最好安装在同一个位置，也可以考虑功能不同的楼层安装在不同的位置。根据点数统计表分析每个楼层的信息点总数，然后估算每个信息点的线缆长度，特别注意最远信息点的线缆长度，列出最远和最近信息点线缆的长度，宜把管理间布置在信息点的中间位置，同时保证各个信息点双绞线的长度不要超过 90 m。

2. 技术交流

在进行需求分析后，要与用户进行技术交流，不仅要与技术负责人交流，也要与项目或者行政负责人进行交流，进一步充分和广泛地了解用户的需求，特别是未来的扩展需求。在交流中重点了解管理间子系统附近的电源插座、电力电缆、电器设备等情况。对于信息点比较密集的集中办公室可以设置 1 个独立的分管理间，不仅能够大幅度降低工程造价，也方便管理和物联网设备的扩展及维护。在交流过程中必须进行详细的书面记录，每次交流结束后要及时整理书面记录，这些书面记录是初步设计的依据。

3. 阅读建筑物图纸和管理间编号

在管理间位置确定前，索取和认真阅读建筑物设计图纸是必要的，在阅读图纸时，进行记录或者标记，这有助于将网络和电话等插座设计在合适的位置，避免强电或者电器设备对网络综合布线系统的影响。

管理间的命名和编号也是非常重要的一项工作，也直接涉及每条线缆的命名，因此管理间命名首先必须准确表达清楚该管理间的位置或者用途，这个名称从项目设计开始到竣工验收及后续维护必须保持一致。如果出现项目投入使用后用户改变名称或者编号时，必须及时制作名称变更对应表，作为竣工资料保存。

4. 确定设计要求

1）管理间数量的确定

每个楼层一般宜至少设置 1 个管理间（电信间）。如果特殊情况，即每层信息点数量较少，且水平线缆长度不大于 90 m 情况下，宜几个楼层合设一个管理间。

管理间数量的设置宜按照以下原则：

如果该层信息点数量不大于 400 个，水平线缆长度在 90 m 范围以内，宜设置一个管理间，当超出这个范围时宜设两个或多个管理间。

在实际工程应用中，为了方便管理和保证网络传输速度或者节约布线成本，例如，学生公寓、信息点密集、使用时间集中、楼道很长等情况，也可以按照 100～200 个信息点设置一个管理间，将管理间机柜明装在楼道。

2）管理间的面积

GB 50311—2016 中规定管理间的使用面积不应小于 5 m^2，也可根据工程中配线管理和网络管理的容量进行调整。一般新建楼房都有专门的垂直竖井，楼层的管理间基本都设计在建筑物竖井内，面积在 3 m^2 左右。在一般小型网络工程中管理间也可能只是一个网络机柜。

一般旧楼增加网络综合布线系统时，可以将管理间选择在楼道中间位置的办公室，也可以采取挂墙式机柜直接明装在楼道，作为楼层管理间。

管理间安装落地式机柜时，机柜前面的净空不应小于 800 mm，后面的净空不应小于 600 mm，方便施工和维修。安装挂墙式机柜时，一般在楼道安装高度不小于 1.8 m。

3）管理间的电源要求

管理间应提供不少于两个 220 V 带保护接地的单相电源插座。

管理间如果安装电信管理或其他信息网络管理时，管理供电应符合相应的设计要求。

4）管理间门要求

管理间应采用外开丙级防火门，门宽大于 0.7 m。

5）管理间环境要求

管理间内温度应为 10～35 ℃，相对湿度宜为 20%～80%。一般应该考虑网络交换机等设备发热对管理间温度的影响，在夏季必须保持管理间温度不超过 35 ℃。

（五）安装技术

1. 机柜安装技术

对于管理间子系统来说，多数情况下采用 6U～12U 挂墙式机柜，一般安装在每个楼层的竖井内或者楼道中间位置。具体安装方法采取三脚支架或者膨胀螺栓固定机柜。

2. 电源安装要求

管理间的电源一般安装在网络机柜的旁边，安装 220 V（三孔）电源插座。如果是新建建筑，一般要求在土建施工过程时按照弱电施工图上标注的位置安装到位。

3. 通信跳线架的安装

（1）取出 110 型跳线架和附带的螺丝。

（2）利用十字螺丝刀把 110 型跳线架用螺丝直接固定在网络机柜的立柱上。

（3）理线。

（4）按打线标准把每个线芯按照顺序压在跳线架下层模块端接口中。

（5）把 5 对连接模块用力垂直压接在 110 型跳线架上，完成下层端接。

（六）配线架的连接方式

配线架的连接方式如图 2－4－1、图 2－4－2 所示。

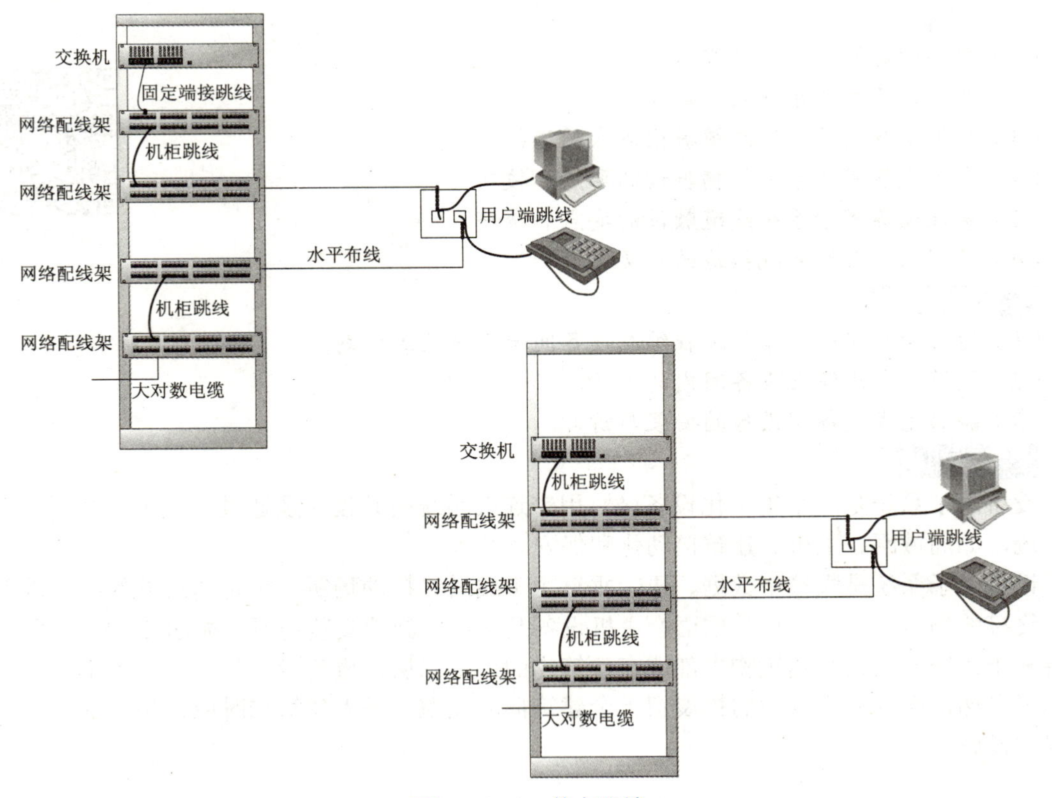

图 2－4－1　单点连接

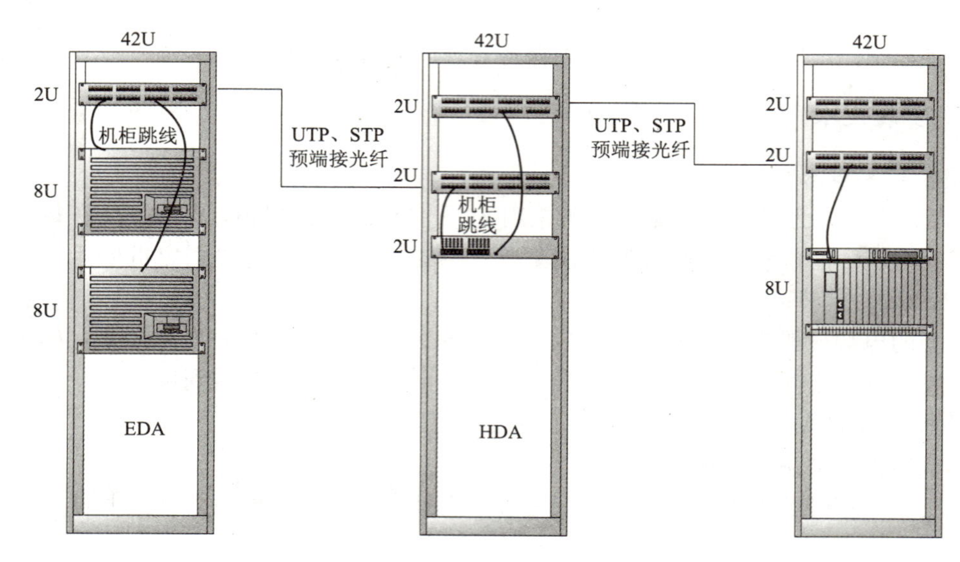

图 2-4-2　多点连接

任务五　设备间工程技术

设备间工程技术

【目标】

（1）掌握设备间子系统的概念。

（2）熟悉设备间子系统的设计要点。

（3）掌握设备间子系统线缆敷设方式的选择。

（4）掌握设备间子系统管槽敷设的要点和技巧。

（5）掌握设备间子系统线缆敷设的要点和技巧。

（6）了解综合布线系统接地的意义。

【工作任务】

（1）能够为真实综合布线工程编制设备间子系统施工计划。

（2）能够完成线缆在设备间内的敷设。

（3）能够完成设备间设备的安装与拆卸。

【相关知识】

设备间子系统是一个集中化设备区，用来连接系统公共设备及通过干线子系统至管理间子系统，如局域网、主机、建筑自动化和保安系统等。

设备间子系统是大楼中数据、语音垂直主干线缆终接的场所，也是建筑群的线缆进入建筑物终接的场所，更是各种数据语音主机设备及保护设施的安装场所，如图 2-5-1 所示。设备间子系统一般设在建筑物中部或在建筑物的一、二层，避免设在顶层或地下室，位置不应远离电梯，而且要为以后的扩展留下余建筑群的线缆，进入建筑物时应有相应的过流、过压保护设施。

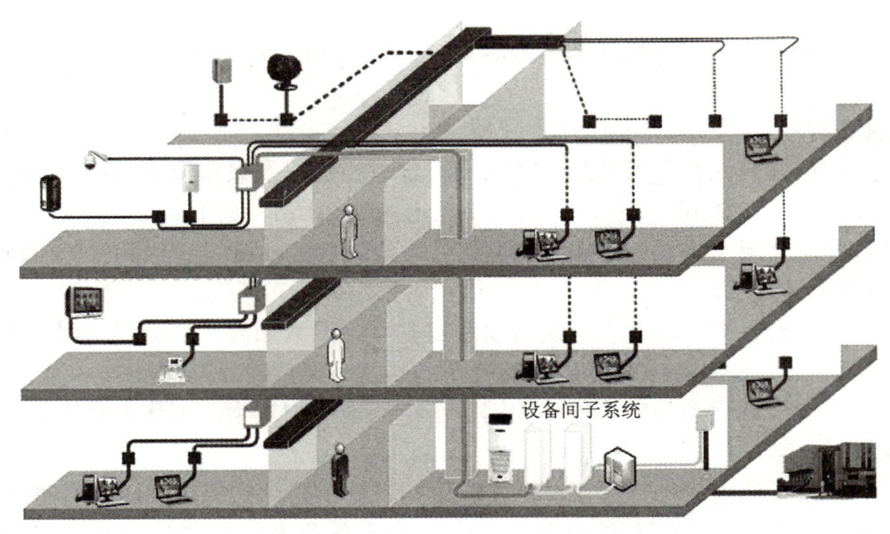

图 2-5-1　设备间子系统

1. 划分原则

GB 50311—2016 第 6 章安装工艺要求中，对设备间的设置要求如下：每幢建筑物内应至少设置 1 个设备间，如果电话交换机与计算机网络设备分别安装在不同的场地或根据安全需要，也可设置 2 个或 2 个以上设备间，以满足不同业务的设备安装需要。

2. 设计要点

1）设备间的位置

设备间的位置及大小应根据建筑物的结构、综合布线规模、管理方式以及应用系统设备的数量等方面进行综合考虑，择优选取。一般而言，设备间应尽量建在建筑平面及其综合布线干线综合体的中间位置。在高层建筑内，设备间也可以设置在 1 层或 2 层。

确定设备间的位置可以参考以下设计规范：

（1）应尽量建在综合布线干线子系统的中间位置，并尽可能靠近建筑物电缆引入区和网络接口，以方便干线线缆的进出。

（2）应尽量避免设在建筑物的高层或地下室以及用水设备的下层。

（3）应尽量远离强振动源和强噪声源。

（4）应尽量避开强电磁场的干扰。

（5）应尽量远离有害气体源以及易腐蚀、易燃、易爆物。

（6）应便于接地装置的安装。

2）设备间的面积

设备间最小使用面积不得小于 20 m^2。具体面积可用以下两种方法得到：

（1）已知 S_b 为与综合布线有关的并安装在设备间内的设备所占面积，单位为 m^2；S 为设备间的使用总面积，单位为 m^2，那么：

$$S=(5\sim7)\sum S_b$$

（2）当设备尚未选型时，则设备间使用总面积 S 为：

$$S=KA$$

式中，A 为设备间的所有设备台（架）的总数，单位为 m^2；K 为系数，取值为（4.5～5.5）m^2/台（架）。

3）建筑结构

（1）设备间的建筑结构主要依据设备大小、设备搬运以及设备重量等因素而设计。设备间的高度一般为 2.5～3.2 m。设备间门的大小至少为高 2.1 m、宽 1.5 m。

（2）设备间的楼板承重设计一般分为两级：A 级≥500 kg/m^2；B 级≥300 kg/m^2。

4）设备间的环境要求

（1）温湿度。设备间的温湿度控制可以通过安装降温或加温、加湿或除湿功能的空调设备来实现控制。

（2）尘埃。要降低设备间的尘埃度关键在于定期地清扫灰尘，工作人员进入设备间应更换干净的鞋具。

（3）空气。设备间内应保持空气清洁，应采用良好的防尘措施，并防止有害气体侵入。

（4）照明。为了方便工作人员在设备间内操作设备和维护相关综合布线器件，设备间内必须安装足够照明度的照明系统，并配置应急照明系统。设备间内距地面 0.8 m 处，照明度不应低于 200 lx。设备间配备的事故应急照明，在距地面 0.8 m 处，照明度不应低于 5 lx。

（5）噪声。为了保证工作人员的身体健康，设备间内的噪声应小于 70 dB。

（6）电磁场干扰。设备间无线电干扰的频率应在 0.15～1 000 MHz 范围内，噪声不大于 120 dB，磁场干扰场强不大于 800 A/m。

（7）供电系统。设备间供电电源应满足以下要求：频率为 50 Hz；电压为 220 V/380 V；相数为三相五线制或三相四线制/单相三线制。根据设备间内设备的使用要求，设备要求的供电方式分为三类：

① 需要建立不间断供电系统。

② 需建立带备用的供电系统。

③ 按一般用途供电考虑。

5）设备间的设备管理

设备间内的设备种类繁多，而且线缆布设复杂。为了管理好各种设备及线缆，设备间内的设备应分类分区安装，设备间内所有进出线装置或设备应采用不同色标，以区别各类用途的配线区，方便线路的维护和管理。

6）安全分类

设备间的安全分类可分为 A、B、C 三个等级，如表 2-5-1 所示。

表 2-5-1　设备间的安全分类

安全项目	A 类	B 类	C 类
场地选择	有要求或增加要求	有要求或增加要求	无要求
防火	有要求或增加要求	有要求或增加要求	有要求或增加要求
内部装修	要求	有要求或增加要求	无要求

续表

安全项目	A 类	B 类	C 类
供配电系统	要求	有要求或增加要求	有要求或增加要求
空调系统	要求	有要求或增加要求	有要求或增加要求
火灾报警及消防设施	要求	有要求或增加要求	有要求或增加要求
防水	要求	有要求或增加要求	无要求
防静电	要求	有要求或增加要求	无要求
防雷击	要求	有要求或增加要求	无要求
防鼠害	要求	有要求或增加要求	无要求
电磁波的防护	有要求或增加要求	有要求或增加要求	无要求

7）结构防火

（1）为了保证设备使用安全，设备间应安装相应的消防系统，配备防火防盗门。

（2）安全级别为 A 类的设备间，其耐火等级必须符合《高层民用建筑设计防火规范》（GB 50045—1995）中规定的一级耐火等级。

（3）安全级别为 B 类的设备间，其耐火等级必须符合《高层民用建筑设计防火规范》（GB 50045—1995）中规定的二级耐火等级。

（4）安全级别为 C 类的设备间，其耐火等级要求应符合《建筑设计防火规范》（GBJ 16—1987）中规定的二级耐火等级。

8）火灾报警及灭火设施

安全级别为 A、B 类设备间内应设置火灾报警装置。在机房内、基本工作房间、活动地板下、吊顶上方及易燃物附近都应设置烟感和温感探测器。

A 类设备间内设置二氧化碳（CO_2）自动灭火系统，并备有手提式二氧化碳（CO_2）灭火器。

B 类设备间内在条件许可的情况下，应设置二氧化碳自动灭火系统，并备有手提式二氧化碳灭火器。

C 类设备间内应备有手提式二氧化碳灭火器。

3. 设备间内的线缆敷设

（1）活动地板方式。

（2）地板或墙壁内沟槽方式。

（3）预埋管路方式。

（4）机架走线架方式。

4. 配电要求

（1）设备间供电由大楼市电提供电源进入设备间专用的配电柜。设备间设置设备专用的 UPS 地板下插座，为了便于维护，在墙面上安装维修插座。其他房间根据设备的数量安装相应的维修插座。

（2）配电柜除了满足设备间设备的供电以外，并留出一定的余量，以备以后扩容。

5. 防雷基本原理

所谓雷击防护就是通过合理、有效的手段将雷电流的能量尽可能地引入大地，防止其进入被保护的电子设备，其方式是疏导，而不是堵雷或消雷。

感应雷的防护措施就是在被保护设备前端并联一个参数匹配的防雷器。在雷电流的冲击下，防雷器在极短时间内与地网形成通路，使雷电流在到达设备之前，通过防雷器和地网泄放入地。当雷电流脉冲泄放完成后，防雷器自动恢复为正常高阻状态，使被保护设备继续工作。

直击雷的防护已经是一个很早就被重视的问题。现在的直击雷防护基本采用有效的避雷针、避雷带或避雷网作为接闪器，通过引下线使直击雷能量泄放入地。

6. 防静电措施

为了防止静电带来的危害，更好地保护机房设备，更好地利用布线空间，应在中央机房等关键的房间内安装高架防静电地板。

7. 设备系统接地

设备间的防雷接地可单独接地或与大楼接地系统共同接地。接地要求每个配线架都应单独引线至接地体，保护地线的接地电阻值。单独设置接地体时，阻抗不应大于 2 Ω；采用与大楼共同接地体时，接地电阻不应大于 1 Ω。设备间电源应具有过压过流保护功能，以防止对设备的不良影响和冲击。

8. 设备间安装工艺要求

（1）设备间位置应根据设备的数量、规模、网络构成等因素，综合考虑确定。

（2）每幢建筑物内应至少设置 1 个设备间，如果电话交换机与计算机网络设备分别安装在不同的场地或根据安全需要，也可设置 2 个或 2 个以上设备间，以满足不同业务的设备安装需要。

（3）建筑物综合布线系统与外部配线网连接时，应遵循相应的接口标准要求。

（4）设备间的设计应符合下列规定：

① 设备间宜处于干线子系统的中间位置，并考虑主干线缆的传输距离与数量。

② 设备间宜尽可能靠近建筑物线缆竖井位置，有利于主干线缆的引入。

③ 设备间的位置宜便于设备接地。

④ 设备间应尽量远离高低压变配电、电机、X 射线和无线电发射等有干扰源存在的场地。

⑤ 设备间室内温度应为 10～35 ℃，相对湿度应为 20%～80%，并应有良好的通风。

⑥ 设备间内应有足够的设备安装空间，其使用面积不应小于 10 m^2，该面积不包括程控用户交换机、计算机网络设备等设施所需的面积在内。

⑦ 设备间梁下净高不应小于 2.5 m，采用外开双扇门，门宽不应小于 1.5 m。

（5）设备安装宜符合下列规定：

① 机架或机柜前面的净空不应小于 800 mm，后面的净空不应小于 600 mm。

② 壁挂式配线设备底部离地面的高度不宜小于 300 mm。

（6）设备间应提供不少于两个 220 V 带保护接地的单相电源插座，但不作为设备供电电源。

任务六 综合布线的整体设计

【目标】

能正确运用相关知识设计出完整的计算机网络工程组网方案。

综合布线的整体设计

【工作任务】

根据情景描述为黑龙江省国脉通集团公司设计计算机网络。

【相关知识】

（1）系统集成。

（2）综合布线。

情景描述

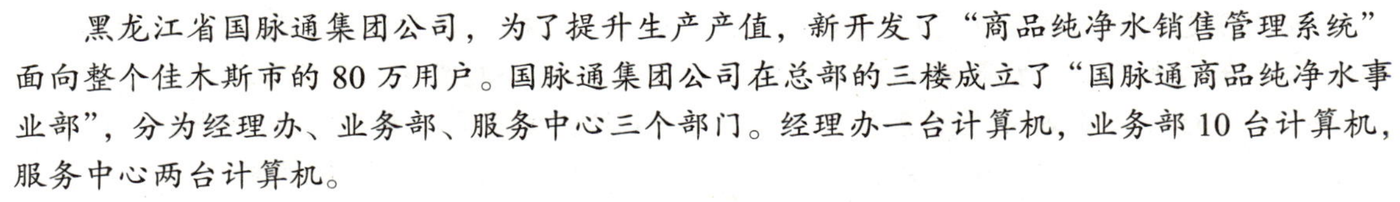

黑龙江省国脉通集团公司，为了提升生产产值，新开发了“商品纯净水销售管理系统”面向整个佳木斯市的 80 万用户。国脉通集团公司在总部的三楼成立了“国脉通商品纯净水事业部”，分为经理办、业务部、服务中心三个部门。经理办一台计算机，业务部 10 台计算机，服务中心两台计算机。

请根据项目需求完成网络工程项目。

应提交：网络规划书一份。（IP 地址分配表、网络拓扑图、传输介质的选择）

材料清单一份。

工程进度安排表一份。

各个设备配置代码一份。

项目三

物联网工程技术

物联网是利用无所不在的网络技术建立起来的，它把互联网技术和宽带接入传输、无线通信结合起来形成了宽带移动的互联网，再把物品结合起来形成了物联网。

物联网的六大基础技术要素包括互联网、RFID、读写器、物联网中间件、物联网名称解析系统、物联网信息服务系统。这里只对其中的几个关键技术进行阐述。

1. 名称解析服务（ONS）

名称解析服务系统，类似于互联网的 DNS，要有授权，并且有一定的组成架构。类似于互联网需要域名服务器 DNS 一样，在物联网中要有 ONS。把每一种物品的编码进行解析提供相应的内容，再通过 URLs 服务获得相关产品的进一步信息。这就与在互联网上没有域名不能找到 IP 地址一样。

2. 中间件技术

中间件有两大功能：一是两大平台，二是通信。首先要为上层服务提供应用，同时要连接操作系统，保持系统正常运行状态。中间件还要支持各种标准的协议和接口，如要支持 RFID 以及配套设备的信息交互和管理，同时还要屏蔽前端的复杂性。一般的中间件是屏蔽了系统软件的复杂性，而物联网的中间件主要是屏蔽了前端硬件的复杂性，特别是像 RFID 读写器的复杂性。中间件的特点，第一是独立于架构，第二是支持了数据流的控制和传输，同时支持了数据处理的功能。

3. 信息服务系统

国际上多采用了 EPC 系统，采用 PML 语言来标记每一个实体和物品，再通过 RFID 标签对实体标记进行分类，同时构建数据库，提供数据存储，开发应用系统，提供查询服务。

同样，物联网也有管理，类似于互联网上的网络管理。目前，物联网大多是基于 SMNP 建设的网管系统，和一般的网管系统雷同。

互联网和电子商务的发展催生了物联网，物联网的基础技术还包括电子数据的交换（EDI）、地理信息系统（GIS）、全球定位系统（GPS）、射频识别技术（RFID）等关键技术。

另外的技术，就是无线通信和移动互联网，物联网离不开这些内容。此外，物联网与云计算互相促进，为大数据量传输、多媒体应用、电子政务、电子商务、电子图书馆等突破了网络瓶颈，正得到快速发展。

任务一　无线网络工程技术

【目标】

（1）掌握无线网络的基础知识、无线网络的产品知识。

（2）掌握无线网络模式。

【工作任务】

（1）正确识别无线网络产品。

（2）正确配置无线网络。

无线网络工程技术

【相关知识】

（一）无线网络的基础知识

所谓无线，就是利用无线电波来作为信息的传导。就应用层面来讲，它与有线网络的用途完全相似，两者最大不同的地方在于传输媒介不同。除此之外，正因为它是无线的，因此无论是在硬件架设或使用之机动性方面均比有线网络要优越许多。

无线局域网（Wireless Local Area Network，WLAN）是利用无线通信技术在一定的局部范围内建立的网络，是计算机网络与无线通信技术相结合的产物，它以无线多址信道作为传输媒介，提供传统有线局域网的功能，能够使用户真正实现随时、随地、随意的宽带网络接入。其特点如下：

（1）安装便捷、维护方便。

（2）使用灵活、移动简单。

（3）经济节约、性价比高。

（4）易于扩展、大小自如。

（二）无线局域网的拓扑结构

WLAN 有两种主要的拓扑结构：自组织网络（也就是对等网络，即人们常称的 Ad－Hoc 网络），如图 3－1－1 所示；基础结构网络（Infrastructure Network），如图 3－1－2 所示。

图 3－1－1　自组织网络

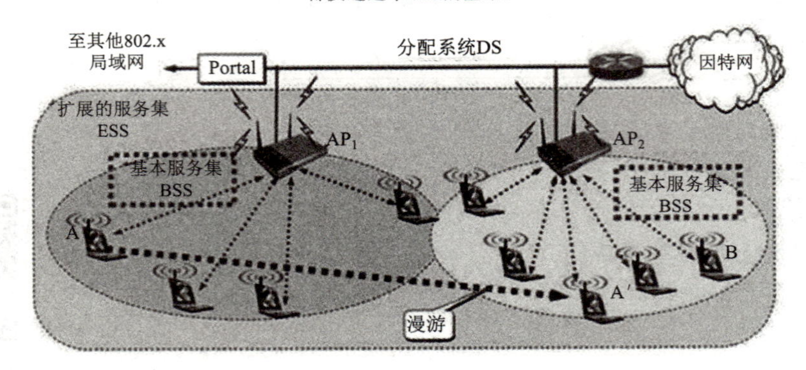

图 3-1-2　基础结构网络

（三）无线局域网的组建

1. 无线局域网的主要设备

无线局域网中经常使用的设备主要有：无线网卡、无线接入器（Access Point，AP）、无线路由器（Wireless Router）、无线网桥。

（1）无线网卡是安装在计算机上，用于计算机之间或计算机与 AP、无线路由器之间的无线连接。

（2）无线接入器用于信号放大及无线网与有线网的通信，其作用类似于有线网络的集线器或交换机。

（3）无线路由器则类似于宽带路由器，除可用于连接无线网卡外，还可直接实现无线局域网的 Internet 连接共享。

无线路由器就是带有无线覆盖功能的路由器，它主要用于用户上网和无线覆盖。无线路由器是将单纯性无线接入器和宽带路由器合二为一的扩展型产品，它不仅具备单纯性无线接入器所有功能（如支持 DHCP 客户端、支持 VPN、防火墙、支持 WEP 加密等），而且还包括了网络地址转换（NAT）功能，可支持局域网用户的网络连接共享。可实现无线局域网中的 Internet 连接共享，实现 ADSL 和小区宽带的无线共享接入，是物联网中无线网络监控的主要设备。

2. 无线局域网的设备选型原则

（1）是选择 AP 设备还是无线网桥。如果是小范围内的集中方式组网，则要选择 AP 设备；如果是范围较大（覆盖两个或多个建筑物），而且涉及点到多点的分布式连接，则应该选择无线网桥。

（2）考察设备传输距离的限制。

（3）考察设备的传输速率。

（4）考察设备的 MAC 技术、物理编码方式以及安全加密认证等标准。

3. 无线局域网的配置

1）网络物理架构及实施策略

（1）无线网卡安装及驱动。首先将 USB 无线网卡接入计算机空闲的 USB 接口中，然后将 USB 无线网卡的驱动程序放入光驱，系统将自动运行此安装程序。根据屏幕提示可完成无线网卡的安装与驱动。

（2）无线路由器的安装。用无线路由器自带 Cable 将无线路由的 WAN 口与 ADSL Modem 的 Ethernet 端口相连，如图 3－1－3 所示。

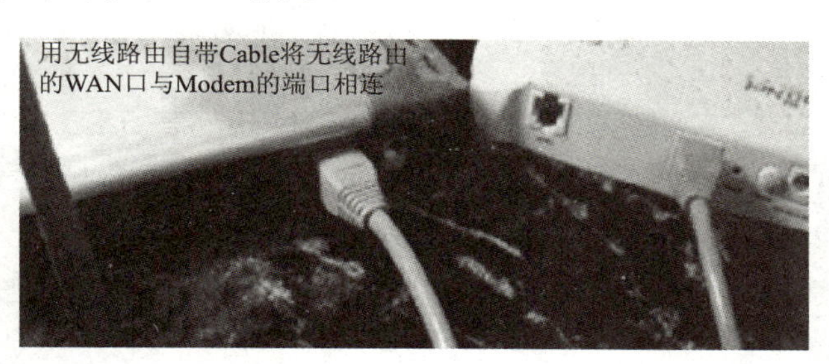

图 3－1－3　路由器与 ADSL 连接图

2）关键技术实现

第一次连接该设备需要通过有线的方式完成，在连接之前需要了解该无线路由器的管理 IP 地址，该地址可以通过查看设备说明书获得。本方案使用的 D－Link DI－524M 默认管理 IP 地址为 192.168.0.1。

第一步：将笔记本的 IP 地址设置为 192.168.0.2，子网掩码为 255.255.255.0，网关填写为 192.168.0.1。

第二步：打开 IE 浏览器，在地址栏处输入“http：//192.168.0.1”后回车，将出现路由器的管理界面，要求我们输入用户名和密码。默认情况下用户名为“admin”，密码也是“admin”。进入路由器的配置界面（见图 3－1－4）。我们设置完毕后一定要更改这个默认密码，否则安全就没有了保证。

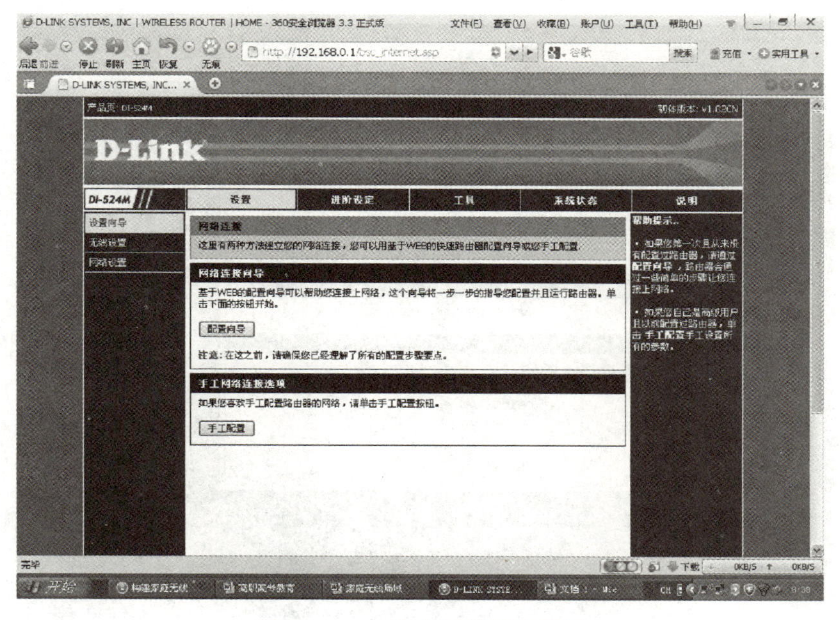

图 3－1－4　路由器管理主界面

第三步：进入管理界面后我们有一个非常方便的办法来配置基本无线参数等情况。在左边单击“设置向导”，选择“手工配置”，如图 3-1-5 所示，在“我的连接是”栏中选择虚拟拨号（PPPOE（Username/Password））；在“输入网络服务供应商提供给您的信息”处输入电信公司给你的上网账号和上网口令，并在“联机方式”处选择自动联机。

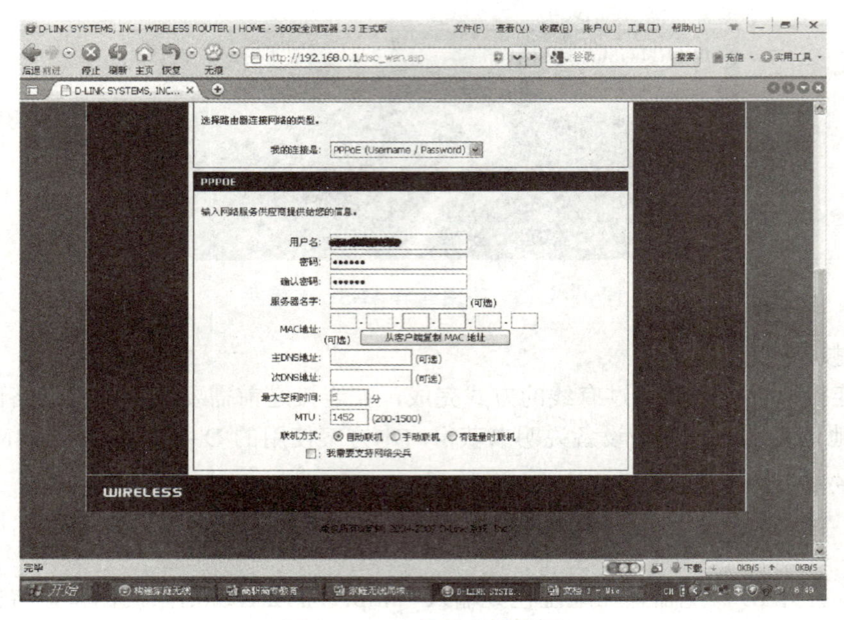

图 3-1-5　拨号方式设置

第四步：选择“无线设置”，进行无线网络设置、无线加密方式、WPA2，如图 3-1-6 所示。

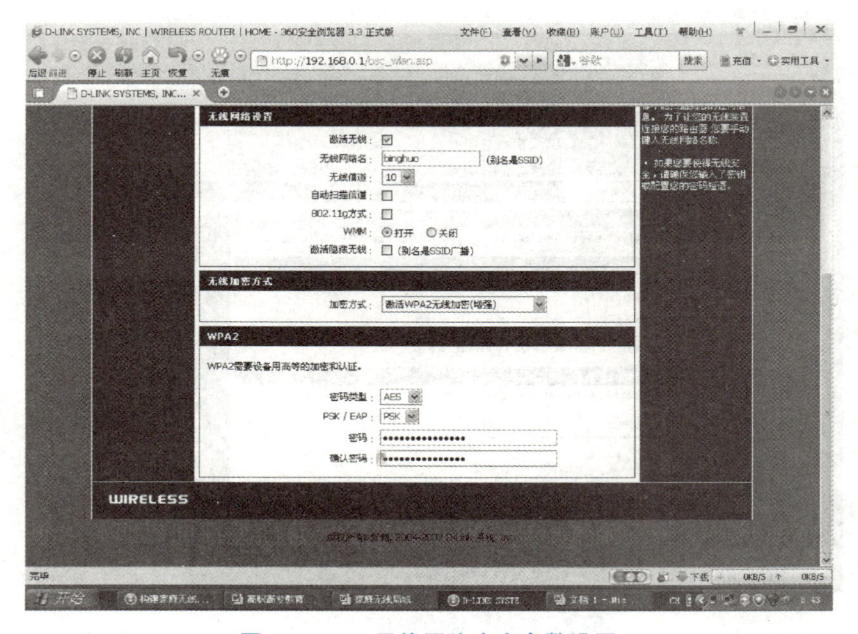

图 3-1-6　无线网络安全参数设置

一定要将“激活无线”状态处从“关闭”转换为“开启”，这样我们才能使用无线路由器的无线功能，否则将和一个普通的宽带路由器没有任何区别。“无线网络名”即 SSID，无线网卡也是通过不同 SSID 来区分不同无线网络和不同无线路由器的，它有点类似于有线网中的工作组，连接到同一个工作组（SSID）的计算机才能互相访问。WMM（无线多媒体）是 802.11e 标准的一个子集。WMM 允许无线通信根据数据类型定义一个优先级范围。时间敏感的数据，如视频/音频数据将比普通的数据有更高的优先级。为了使 WMM 功能工作，无线客户端必须也支持 WMM。

虽然我们通过上面的方法建立了无线网络，不过这个网络是不安全的，存在一定的风险。要保证网络不被非法用户入侵，还需要我们对无线路由器进行相应的安全设置、加密设置。

设置自己的加密密码，也就是密钥。将“密码类型”选择为“AES”，“PSK/EAP”选择为“PSK”，“密码”“确认密码”设置大于十位时随便输即可。保存后退出即可生效。

第五步：笔记本电脑设置，如图 3－1－7 所示。

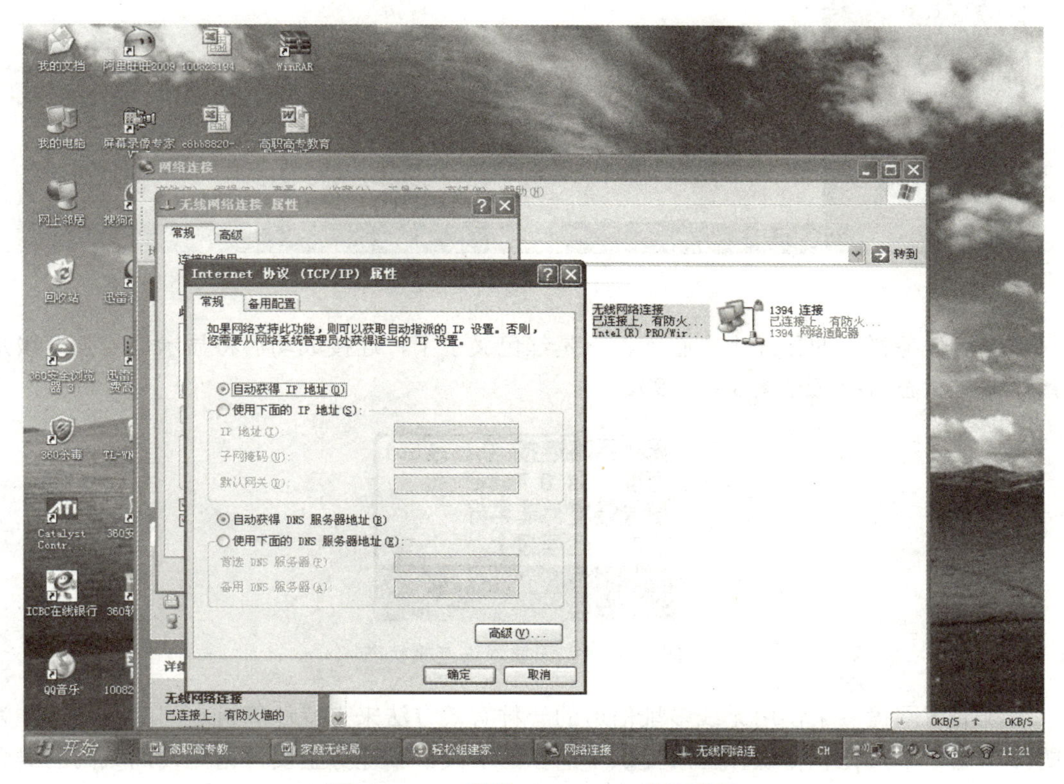

图 3－1－7　无线（TCP/IP）协议配置

第六步：在自己的计算机上单击“开始”→“控制面板”→“无线网络安装向导”命令来完成对加密无线网络的访问（见图 3－1－8）。此处的无线网络名和网络密钥应与在无线路由器中设置的一致。

至此我们就完成了对无线网络的设计，在实际使用中只有知道了这个 WEP 加密密钥的用户才可以访问无线网络，其他非法用户都无法正常连接，从而确保了自己的网络只能自己用，避免了其他用户的非法入侵。

图 3－1－8　无线网络安装

连接后任务栏上的无线小电脑就不再是红色叉子了，连接成功后将显示信号强度级别、连接速度与状态情况（见图 3－1－9）。

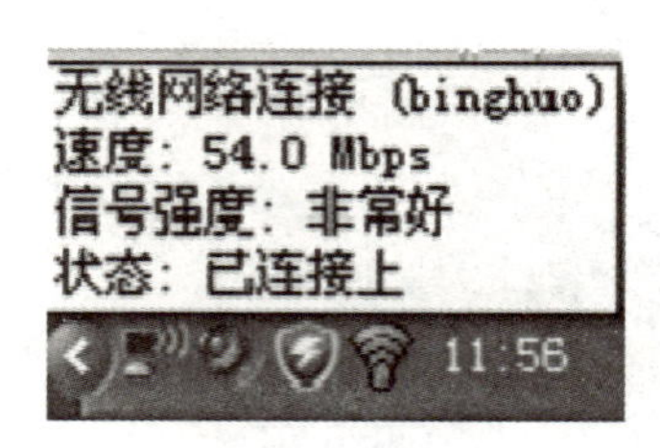

图 3－1－9　无线网络连接状态

无线局域网提供了使用无线多址信道的一种有效方法来支持计算机之间的通信，并为通信的移动化、个人化和多媒体应用提供了潜在的手段。本任务主要讨论无线局域网的概念、传输介质、拓扑结构，对无线局域网的组网及其配置进行了重点介绍，并用一定的实例进行说明。

【练习题】

一、选择题

1. 下列属于无线局域网传输介质的是（　　）。

A. 双绞线　　B. 铜轴电缆　　C. 光纤　　D. 无线电波

2. 无线网历史起源可以追溯到 20 世纪（　　）年代。

A. 40　　B. 50　　C. 60　　D. 70

3. 1971 年，夏威夷大学的研究员创建了第一个无线电通信网络，称作（　　）。

A. ALOHNET　　B. ENIAC　　C. ASCII　　D. MAC

4. 802.11 协议主要工作在 ISO 协议的（　　）层上，并在物理层上进行了一些改动，加入了高速数字传输的特性和连接的稳定性。

A. 数据链路层　　B. 物理层　　C. 最低两层　　D. 最高两层

5. IEEE 802.11b 标准工作于（　　）Hz 频带。

A. 2.4 G　　B. 4 G　　C. 5 G　　D. 6 G

二、填空题

1. 无线局域网是____________与____________相结合的产物。

2. WLAN 有两种主要的拓扑结构，即____________和____________。

3. 目前，已经产品化的无线网络标准主要有 3 种，即____________、____________和____________标准。

任务二　无线网络摄像监控实现方法

【目标】

（1）掌握无线网络监控的基本原理。

（2）掌握视频监控系统的构成。

无线网络摄像监控实现方法

【工作任务】

正确配置无线网络监控。

【相关知识】

（一）无线监控的基本原理

1. 监控系统的发展

视频监控系统发展了短短二十几年时间，从最早的模拟监控到前些年火热的数字监控再到现在的网络视频监控，发生了翻天覆地的变化。在 IP 技术逐步统一全球的今天，我们有必要重新认识视频监控系统的发展历史。

从技术角度出发，视频监控系统发展划分为第一代模拟视频监控系统（CCTV），到第二代基于“PC+多媒体卡”数字视频监控系统（DVR），到第三代完全基于 IP 网络视频监控系统（IPVS），以及介于第二代和第三代之间的 DVS。

2. 第一代视频监控 CCTV

在 20 世纪 90 年代初以前，主要是以模拟设备为主的闭路电视监控系统，称为第一代模拟监控系统。图像信息采用视频电缆，以模拟方式传输，一般传输距离不能太远，主要应用于小范围内的监控，监控图像一般只能在控制中心查看。该视频监控系统主要由摄像机、视频矩阵、监视器、录像机等组成，利用视频传输线将来自摄像机的视频连接到监视器上，利用视频矩阵主机，采用键盘进行切换和控制，录像采用使用磁带的长时间录像机；远距离图

像传输采用模拟光纤，利用光端机进行视频的传输。

传统的模拟闭路电视监控系统有很多局限性，具体如下：

（1）有线模拟视频信号的传输对距离十分敏感。

（2）有线模拟视频监控无法联网，只能以点对点的方式监视现场，并且使得布线工程量极大。

（3）有线模拟视频信号数据的存储会耗费大量的存储介质（如录像带），查询取证时十分烦琐。

3. 第二代基于“PC+多媒体卡”数字视频监控系统（DVR）

20 世纪 90 年代中期，基于 PC 的多媒体监控随着数字视频压缩编码技术的发展而产生。系统在远端有若干个摄像机、各种检测和报警探头与数据设备，获取图像信息，通过各自的传输线路汇接到多媒体监控终端上，然后再通过通信网络，将这些信息传到一个或多个监控中心。监控终端机可以是一台 PC 机，也可以是专用的工业控制机。

这类监控系统功能较强，便于现场操作；但稳定性不够好，结构复杂，视频前端（如 CCD 等视频信号的采集、压缩、通信）较为复杂，可靠性不高；功耗高，费用高；需要有多人值守；同时，软件的开放性也不好，传输距离明显受限。PC 机也需专人管理，特别是在环境或空间不适宜的监控点，这种方式不理想。

4.“模拟–数字”监控系统（DVR）的延伸——DVS

DVS 即以视频网络服务器和视频综合管理平台为核心的数字化网络视频监控系统。

基于嵌入式技术的网络数字监控系统不需处理模拟视频信号的 PC，而是把摄像机输出的模拟视频信号通过嵌入式视频编码器直接转换成 IP 数字信号。嵌入式视频编码器具备视频编码处理、网络通信、自动控制等强大功能，直接支持网络视频传输和网络管理，这类系统可以直接连入以太网，省掉了各种复杂的电缆，具有方便灵活、即插即看等特点，使得监控范围达到前所未有的广度。

除了编码器外，还有嵌入式解码器、控制器、录像服务器等独立的硬件模块，它们可单独安装，不同厂家设备可实现互联。

DVS 目前比较主流的监控系统，性能优于第一代和 DVR，比第三代有价格优势，技术也相对成熟，虽然某些时候施工布线会比较复杂，但总体来说瑕不掩瑜。

5. 第三代视频监控：完全使用 IP 技术的视频监控系统 IPVS

全 IP 视频监控系统与前面三种方案相比存在显著区别：

该系统的优势是摄像机内置 Web 服务器，并直接提供以太网端口，摄像机内集成了各种协议，支持热插拔和直接访问功能。

这些摄像机生成 JPEG 或 MPEG–4 数据文件，可供任何经授权客户机从网络中任何位置访问、监视、记录并打印，而不是生成连续模拟视频信号形式图像。

更具高科技含量的是可以通过移动的 3G 网络实现无线传输，你可以通过笔记本电脑、手机、PDA 等无线终端随处查看视频。

第三代视频监控系统的出现，使得我们可以利用移动终端对家庭、单位等环境的监控得以实现，也使得智慧家庭模式走进人们的生活。

（二）视频监控系统的组成

典型的视频监控系统主要由前端设备和后端设备这两大部分组成，其中后端设备可进一步分为中心控制设备和分控制设备。前、后端设备有多种构成方式，它们之间的联系（也可称作传输系统）可通过电缆、光纤或微波等多种方式来实现。

视频监控系统由摄像机部分（有时还有拾音器）、传输部分、记录控制部分及显示部分四大块组成，如图 3－2－1 所示。在每一部分中，又含有更加具体的设备或部件。

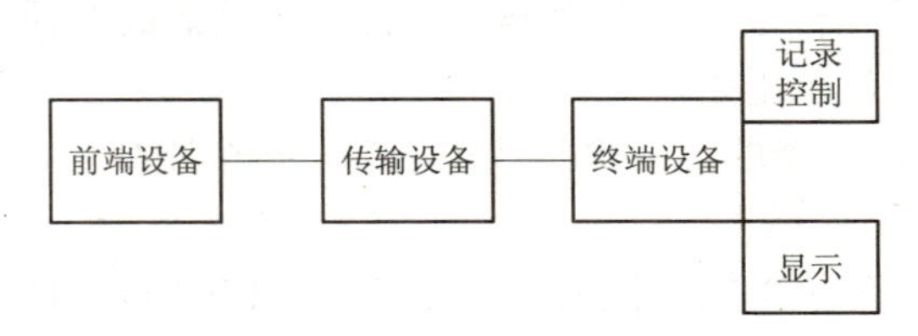

图 3－2－1　视频监控系统

1. 摄像部分（前端部分）

（1）摄像机有黑白、彩色之分，后来随着技术的日益成熟，慢慢有了彩色转黑白、红外一体机等。

（2）按摄像机外形来分有半球、普通枪机、一体机、球机、云台、烟感、针孔、飞碟等，球机有匀速球、高速球和智能高速球等。还有集成了网络协议的网络摄像机。

（3）有定焦和变焦之分。

（4）摄像机的清晰度用电视线 TVL 表示。常见的有 420TVL、480TVL、520TVL、580TVL 等，高清监控摄像机已经达到 1 080 P。

2. 传输部分

（1）视频传输选用 75 Ω的同轴电缆，通常使用的电缆型号为 SYV–75–3 和 SYV–75–5。它们对视频信号的无中继传输距离一般为 300～500 m，当传输距离更长时，可相应选用 SYV–75–7、SYV–75–9 或 SYV–75–12 的粗同轴电缆（在实际工程中，粗缆的无中继传输距离可达 1 km），在视频信号衰减而图像变模糊时可考虑使用信号放大器。

（2）大的系统电源线是按交流 220 V 布线，在摄像机端再经适配器转换成直流 12 V，这样做的好处是可以采用总线式布线且不需很粗的线，小的系统也可采用 12 V 直接供电的方式，因为有衰减，所以距离不能太长。

（3）控制电缆通常指的是用于控制云台及电动可变镜头的多芯电缆，它一端连接于控制器或解码器的云台、电动镜头控制接线端，另一端则直接接到云台、电动镜头的相应端子上。

（4）如果在摄像机距离控制中心较远的情况下，也有采用射频传输方式或光纤传输方式的。

3. 控制记录部分

控制部分是整个系统的“心脏”和“大脑”，是实现整个系统功能的指挥中心。总控制台中主要的功能有：视频信号放大与分配、图像信号的校正与补偿、图像信号的切换、图像信号（或包括声音信号）的记录、摄像机及其辅助部件（如镜头、云台、防护罩等）的控制（遥控）等。

硬盘录像机 DVR：PC 式和嵌入式。

（1）PC 式硬盘录像机实质上就是一部专用工业计算机，利用专门的软件和硬件集视频捕捉、数据处理及记录、自动警报于一身。操作系统一般采用 Windows 系统。不足之处是其操作系统基于 Windows 运行，不能长时间连续工作，必须隔时重启，且维护较为困难。

（2）嵌入式硬盘录像机可用面板、遥控、鼠标来操作，操作系统采用自行研发的操作系统。优点是操作简便、稳定、能长时间连续工作。

4. 显示部分

（1）显示部分一般由几台或多台监视器（或带视频输入的普通电视机）组成。它的功能是将传送过来的图像一一显示出来。

（2）也可采用矩阵+监视器的方式来组建电视墙。一个监视器显示多个图像，可切割显示或循环显示。

（3）目前采用的有等离子电视、液晶电视、背投、LED 屏、DLP 拼接屏等。

5. 模拟监控与数字监控

视频监控按传输的信号分有模拟监控（见图 3－2－2）和数字监控（见图 3－2－3）。编码器（视频服务器）来完成模拟信号到数字信号的转变。数字监控是通过网络来传输的。有编码就有解码，解码就是把数字信号转回模拟信号再输出。

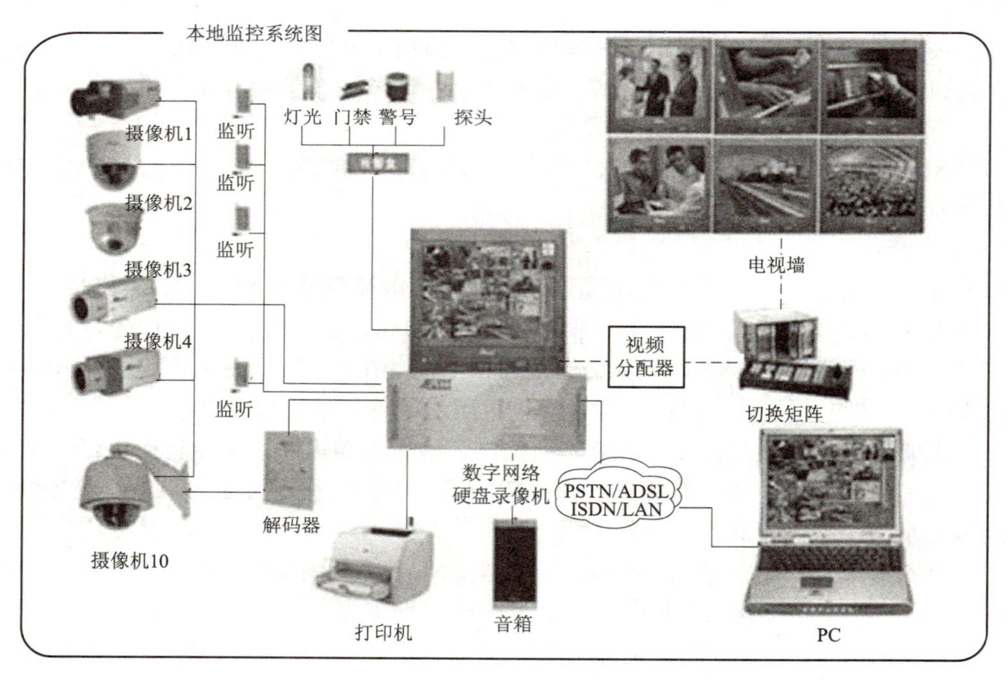

图 3－2－2　模拟监控

各个视频网络服务器都有独立的 IP 地址，将数字化的视频压缩信号直接连接到 LAN/WAN 中作为整个网络的视频共享资源。

综合管理平台作为主服务器，安装有监控系统服务器端的软件，包括数据库系统。服务器将所有前端网络视频服务器及前端监控设备管理起来，并维护与它们的网络连接；同时，对所有网络中的用户实现授权管理，所有用户可通过网络上任一台计算机登录到服务器系统，

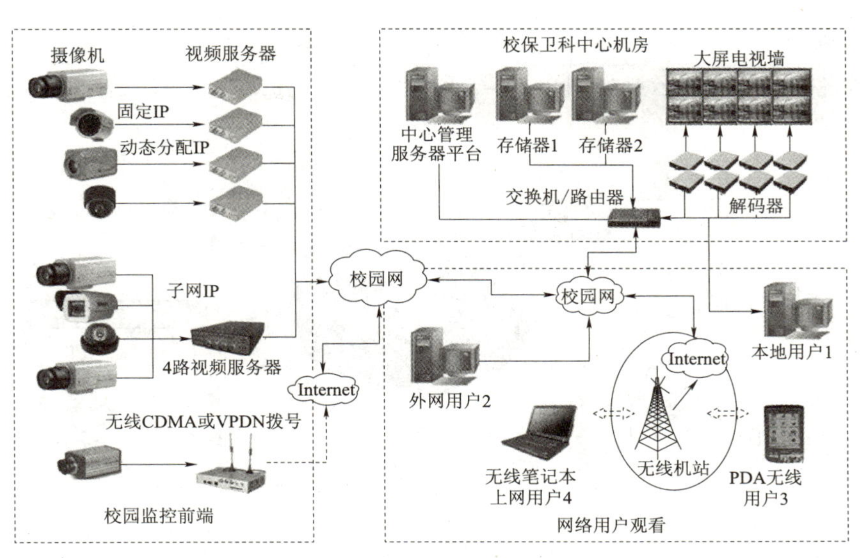

图 3-2-3　数字监控

根据不同权限对图像进行监视、查询、录像回放等。视频服务器传输图像在 25 帧/秒、分辨率 352×288 像素时，平均占用带宽仅为 250 Kbps。

6. 监控系统的发展前景

未来监控系统发展的整体方向是：数字化、智能化、自动化、网络化。网络化是监控系统的大势所趋，它大大地简化和提高了信息传递的方式和速度。随着网络技术和计算机技术的不断发展以及市场应用环境的逐步成熟，基于视频交换技术的网络视频监控系统已经成为监控系统发展的方向。可以预计，网络视频监控系统以其远距离监控、良好的扩充性和可管理性、易于与其他系统进行集成等模拟视频监控系统所无法企及的优势，最终将完全取代模拟视频监控系统，而成为监控系统的新标准。

（三）无线网络监控摄像机的安装（爱浦多 IP1001）

1. 设备接口示意图

设备接口示意图如图 3-2-4 所示。

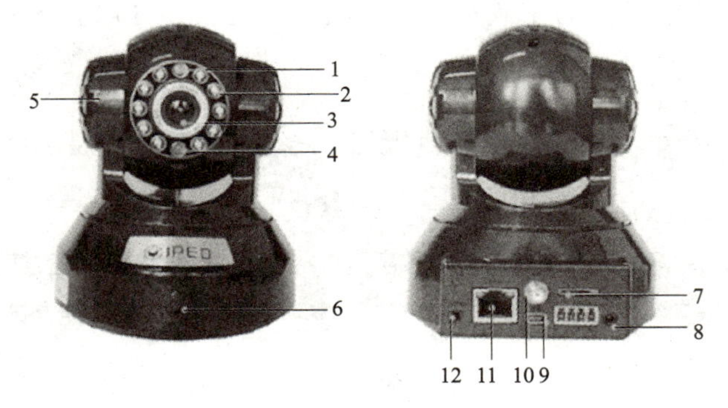

图 3-2-4　设备接口示意图

1—光敏电阻；2—红外夜视灯；3—摄像机镜头；4—摄像机电源指示灯；5—内置喇叭；6—内置麦克风；7—TF 卡卡槽；8—电源接口；9—USB 数据连接口；10—无线天线 Wi-Fi 接口；11—网线接口；12—耳机插孔

2. 配置摄像机

无线网络摄像机安装示意如图 3－2－5 所示。

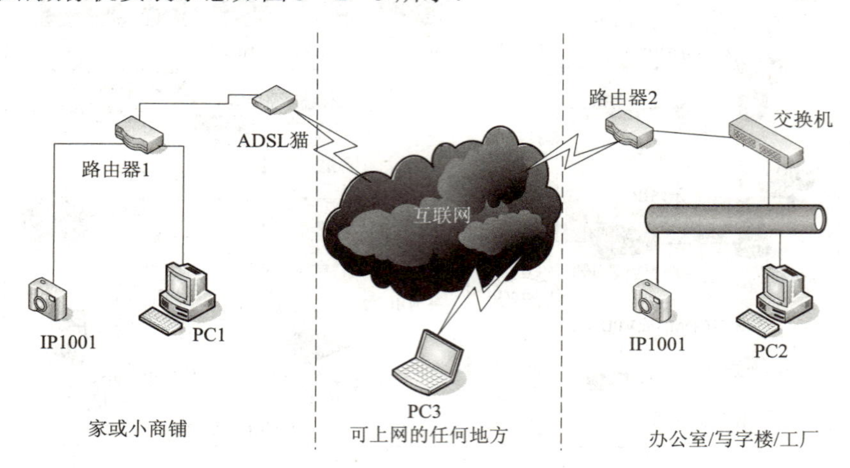

图 3－2－5　无线网络摄像机安装示意图

3. 网络摄像机配置软件安装

利用随机光盘中的软件通过 USB 方式配置网络摄像机：

（1）把包装盒中的 Wi－Fi 天线安装到摄像机后端。

（2）USB 数据线连接摄像机 USB 接口，USB 数据线另外一端连接计算机的 USB 插口。

（3）把包装盒里面的 DC 电源插入摄像机，然后通电。确认摄像机镜头下面的绿色指示灯，在插入电源以后，会亮 3 s，然后熄灭 10 s 左右，最后会一直保持在常亮状态。

（4）等待一会，计算机将会自动弹出两个可移动磁盘，如图 3－2－6 所示。

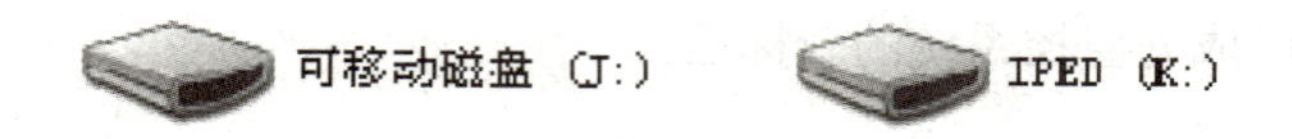

图 3－2－6　计算机映射

注：IPED 磁盘——内置视频监控软件，爱浦多官网软件下载地址包括苹果手机软件、安卓手机软件、计算机安装软件的下载链接。直接单击链接，可以直接打开官网下载网页，如图 3－2－7 所示。

图 3－2－7　网络摄像机监控软件

注：可移动磁盘——如果摄像机上插有 TF 卡，则该磁盘就是 TF 卡的磁盘内容。可以利用此功能，将摄像机作为一个 TF 卡的读卡器来使用。

（5）双击 IPED 磁盘里面“爱浦多网络摄像机监控安装软件.exe”，按步骤完成软件安装，如图 3－2－8 所示。

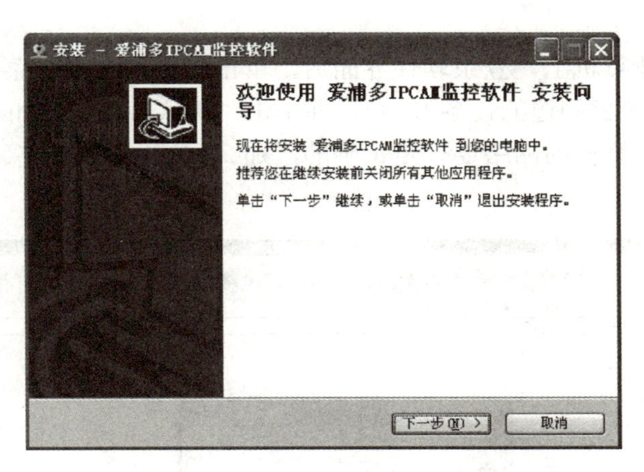

图 3－2－8　爱浦多网络摄像机监控安装软件

（6）按照提示安装完成后，请打开 PC 端监控软件，并登录。

如果计算机和 USB 的连接是正常的，那么 PC 监控软件会自动识别摄像机，并弹出配置窗口。监控软件会将当前计算机时间自动同步到摄像机中。如果是第一次使用，请设置密码，选择准备采用何种方式来连接摄像机：是用有线的方式，还是采用无线的方式。

如果是无线的方式，那么请输入无线路由器的 SSID 和访问密码。请一定要确保你已经正确地理解了无线接入点 SSID 和密码的意义，否则你将无法正确地连接无线网络。网络模式选择如图 3－2－9 所示。

（7）正确选择后，单击“下一步”按键，会弹出如图 3－2－10 所示对话框，填写相应配置信息并保存。

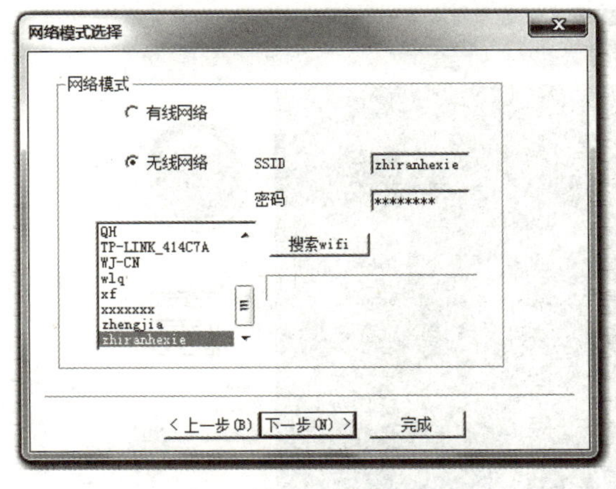

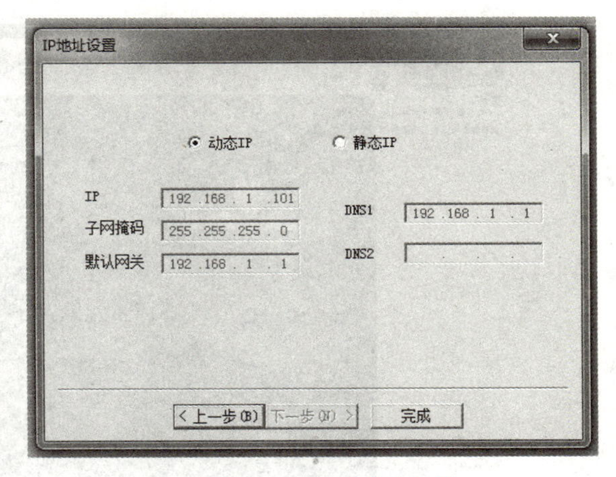

图 3－2－9　网络模式选择

图 3－2－10　配置完成

注：请打开你的路由器上的 UPNP 功能，以确保获得最佳的互联网视频访问性能。如果摄像机被正确地设置了密码，那么摄像机的状态会显示“设备已激活”，否则会显示“设备未激活”，请拔除 USB 线以后，设备会自动重启。如果是第一次通过 USB 来进行配置，那么，

请重启一下你的计算机。如果网络配置是正确的，那么你的摄像机已经可以正常使用了。

（四）如何在互联网上访问摄像机

（1）在远程监控计算机上，登录软件界面后，单击“设备管理”菜单，然后再单击“添加设备”。输入你的摄像机侧边的设备 ID 号，并单击“确认”按键，如图 3－2－11 所示。如果你的摄像机和监控计算机的网络连接是正确的，那么你就已经能连接上摄像机了，并可以对摄像机进行配置。

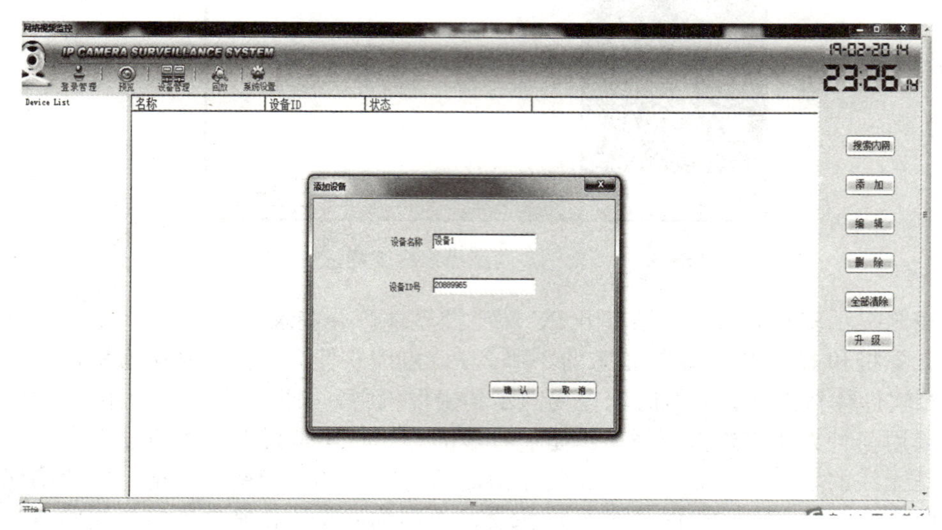

图 3－2－11　网络视频监控设置

（2）单击“预览”菜单，并双击设备名，你就能够看到设备的实时影像了，如图 3－2－12 所示。

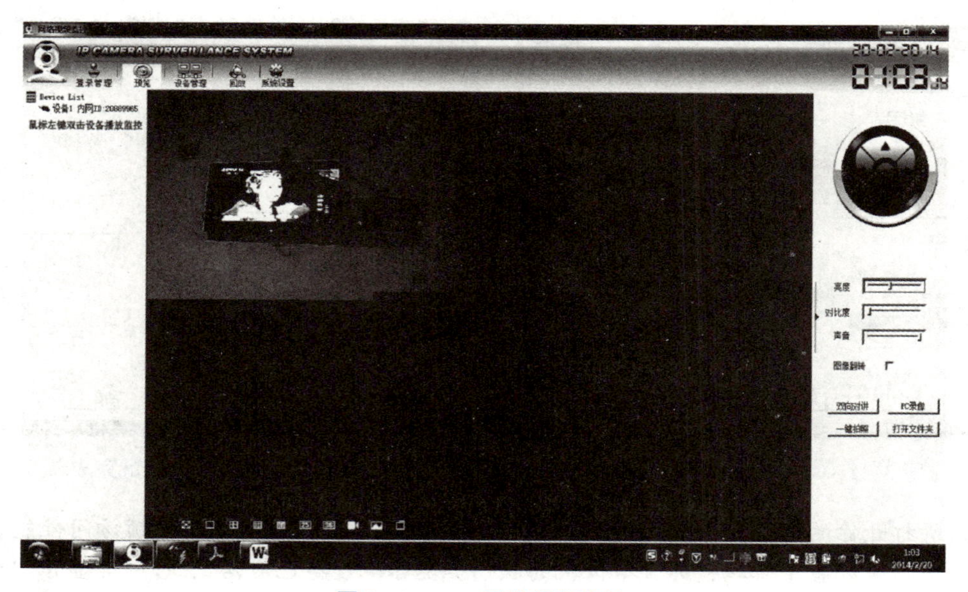

图 3－2－12　网络视频监控

（3）监控画面控制。登录 PC 监控软件后，默认就是预览画面了。或者，你可以单击“预览”菜单，进入预览画面，单击你想用来播放监控画面的区块。

① 开启监控画面。

双击左面设备列表中的设备名，监控画面就会出现在你选择的窗口中，如图 3－2－13 所示。

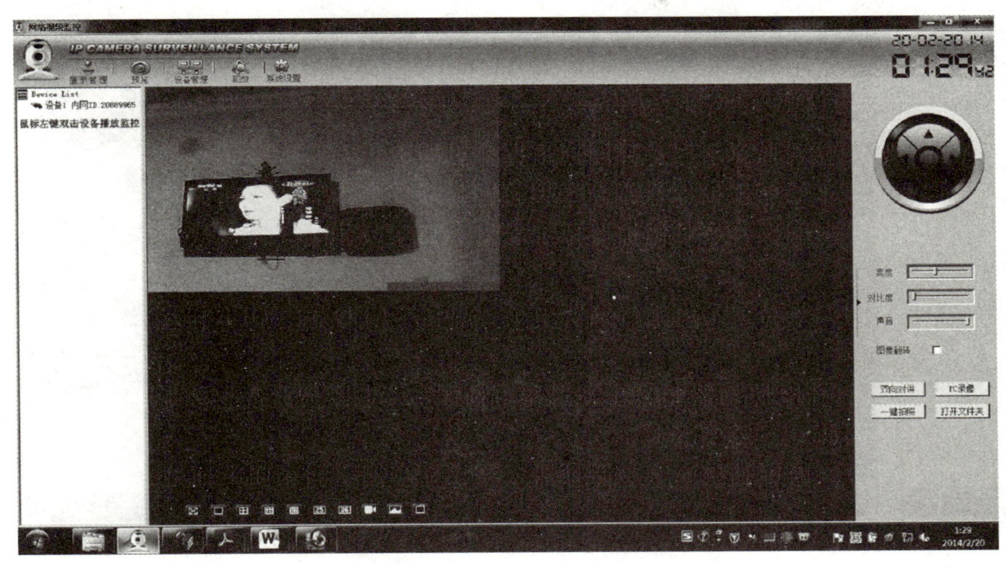

图 3－2－13　开启监控

② 关闭监控画面。

再次双击左面设备列表中的设备名，即可关闭监控画面，如图 3－2－14 所示。

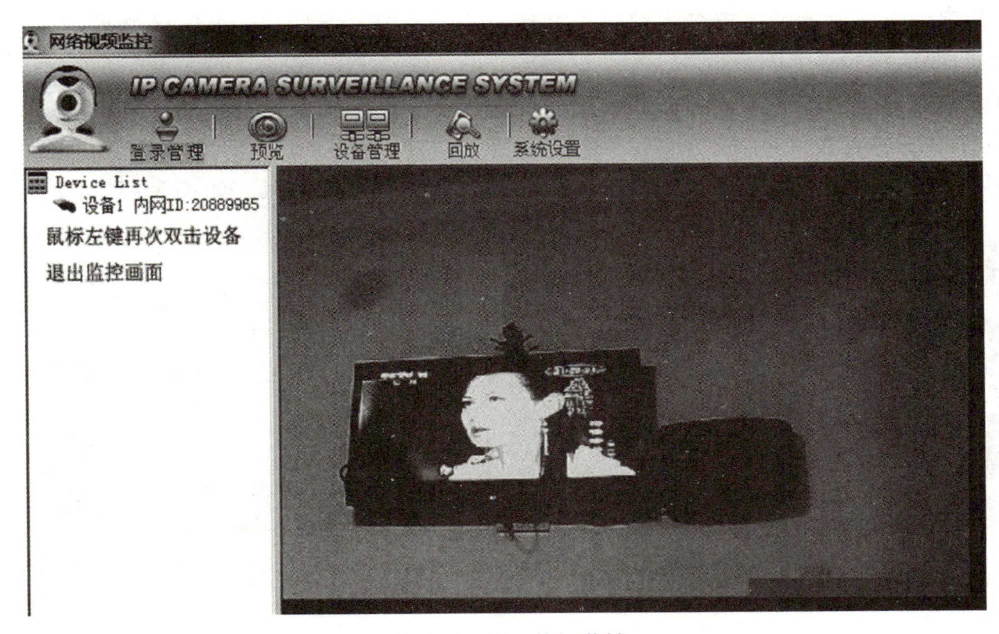

图 3－2－14　关闭监控

③ 监控画面的调整。

选择最下面的画面布局按键，可以实现单屏、四分屏、九分屏等多画面功能。在当前播放画面上，单击鼠标右键，可以实现全屏、多屏以及画面缩放等功能，如图 3－2－15 所示。

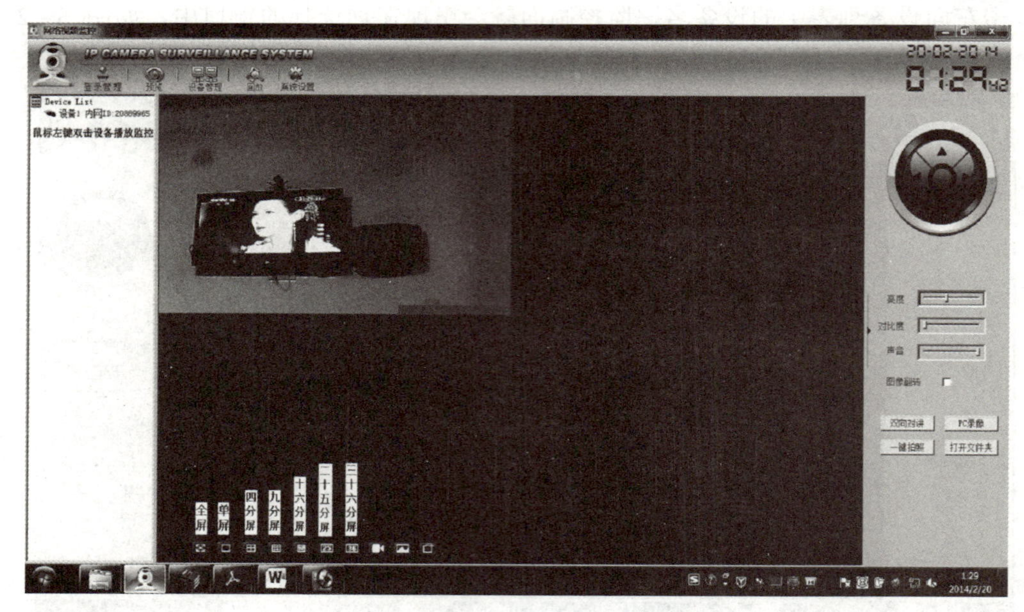

图 3－2－15　监控画面的调整

④ 云台控制。

单击右侧的云台图标，可以实现上下左右的转动，如图 3－2－16 所示。

⑤ 亮度、对比度、音量的调节，如图 3－2－17 所示。

拖动预览界面右侧的进度条，可以调节相对应的亮度、对比度和监听的音量。

⑥ 图像翻转。

如果摄像机是倒着装的，那么可以把“图像翻转”选项给勾上，如图 3－2－18 所示。

⑦ 扩展屏幕可视区域。

可以单击伸缩键，以隐藏右侧菜单，获得更大的屏幕可视区域，如图 3－2－19 所示。

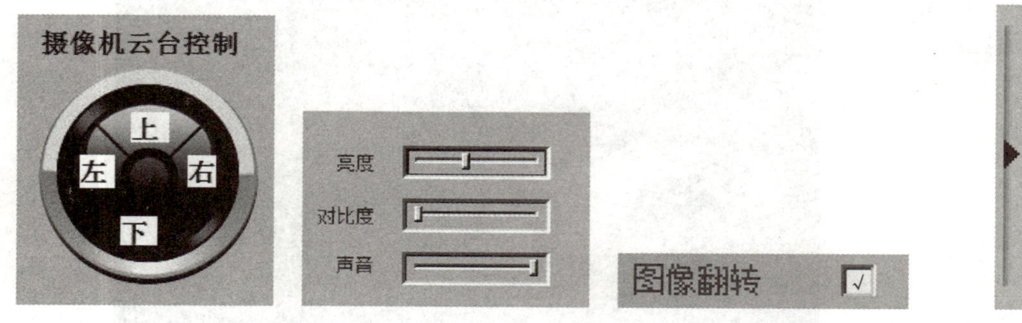

图 3－2－16　云台控制　图 3－2－17　亮度、对比度、音量的调节　图 3－2－18　图像翻转　图 3－2－19　可视区域的调整

⑧ 录像保存。

请确保在摄像机断电的情况下，插上或者拔下 TF 卡，以避免带电插拔，对卡造成永久性的损害。给摄像机通电后，摄像机就自动往 TF 卡里进行录像。这个录像过程是不受任何人、任何事件的控制，也不受 PC 监控软件的控制。整个录像过程不会停止，除非你将摄像机的电源断电。当 TF 卡上内容已经录满了以后，会自动将最远时间的录像文件内容覆盖。

⑨ PC 录像。

在观看实时监控画面时，单击下方的录像按键，或者右侧的“PC 录像”按键，红色指示灯会亮起，此时，会把实时监控画面及声音同步地录像到计算机的硬盘上，如图 3-2-20 所示。

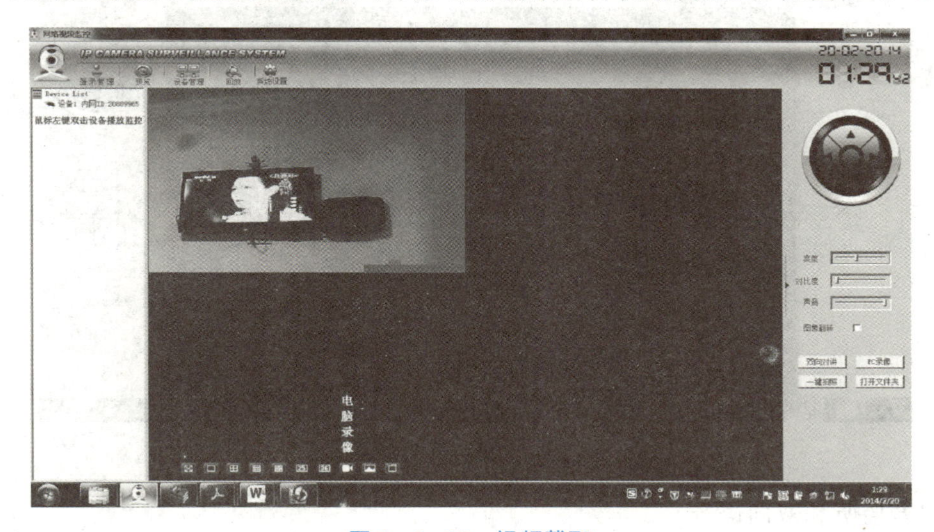

图 3-2-20　视频截取

⑩ 一键拍照。

在观看实时监控画面时，单击下方的拍照按键，或者右边的“一键拍照”按键，会把当前所有的监控画面的实时影像存成 JPEG 图片，保存到指定的目录，如图 3-2-21 所示。

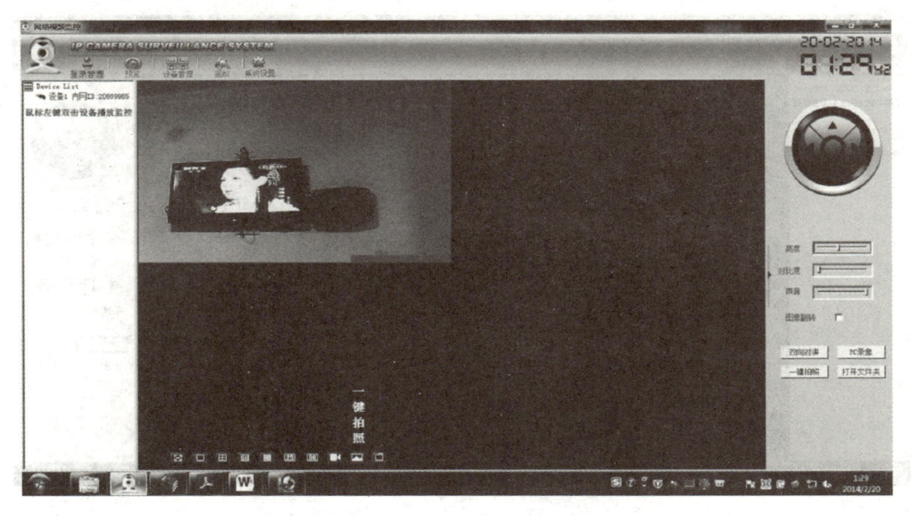

图 3-2-21　一键拍照

⑪ 文件位置设置。

你可以在监控软件的“系统设置”菜单中，修改默认的 PC 录像的存储路径。PC 录像和一键拍照功能，会把所有的监控画面全部存储起来。例如用户打开了四个监控画面，那么就会生成四个独立的录像文件。当硬盘指定容量小于 1 GB 以后，会自动删除最远时间的录像文件，生成新的录像文件，以此往复循环。可以单击最下端，或者右侧的“打开文件夹”按键，直接打开存储文件夹，如图 3－2－22 所示。

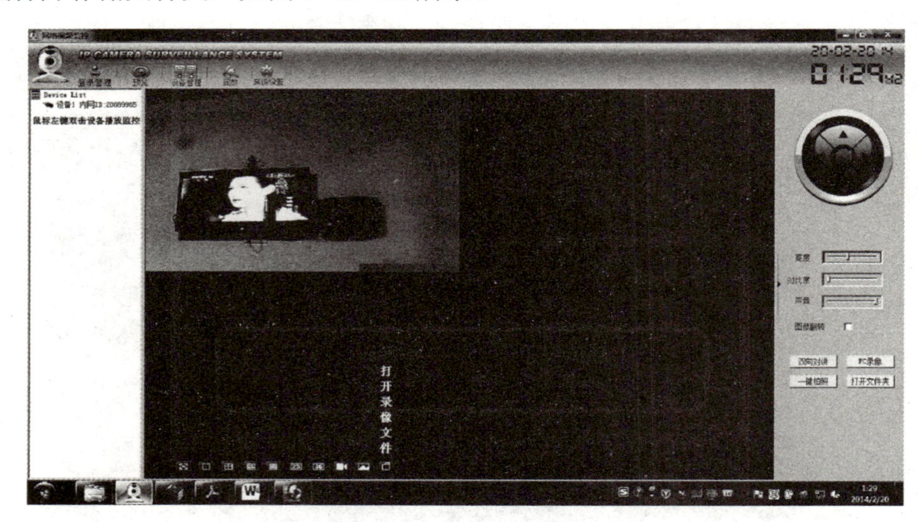

图 3－2－22　录像文件

⑫ 声音监听和双向语音。

用户在观看监控画面时，默认是处于声音监听模式。此时，仅能听到监控画面端传过来的声音。如果想和监控端进行双向对讲，可以按下右侧的“双向对讲”键。此时，就能在摄像机和 PC 机之间进行双向语音对讲。摄像机内置了喇叭，拖动右侧的音量进度条，可以控制喇叭的播放音量，如图 3－2－23 所示。

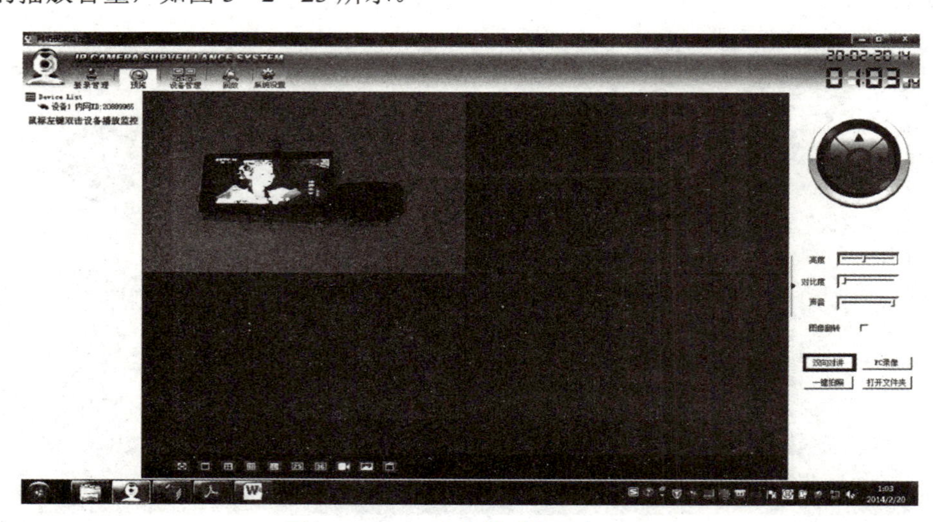

图 3－2－23　声音监听和双向语音

（五）回放录像文件

1. 网络回放 TF 卡上的录像文件

当摄像机处于监控状态时，你不用取下摄像机里的 TF 卡，而是通过网络，就可回放 TF 卡里的录像内容。

（1）确保已经关闭实时监控画面，如图 3－2－24 所示。

图 3－2－24　关闭实时监控画面

（2）单击监控软件中的“回放”菜单，双击左侧设备列表中想要回放的设备名。设备名和其 ID 号会显示在右侧的对应选项框中，选择你想观看回放的开始和结束时间，单击“确认”按键，录像文件会按时间顺序排列在列表中，双击文件名，即可观看录像文件，如图 3－2－25 所示。

图 3－2－25　TF 卡监控回放

2. 计算机硬盘上的录像文件回放

通过计算机录制的文件，存在计算机的硬盘上。其回放过程与通过网络回放是一样的。你只要在右侧选中“本地回放”选项，然后再单击“确认”按键，此时，会弹出对话窗，让你选择“是否回放 TF 卡文件”。如果选择“否”按键，则列出来的文件就是录制在计算机硬盘上的文件，如图 3－2－26 所示。

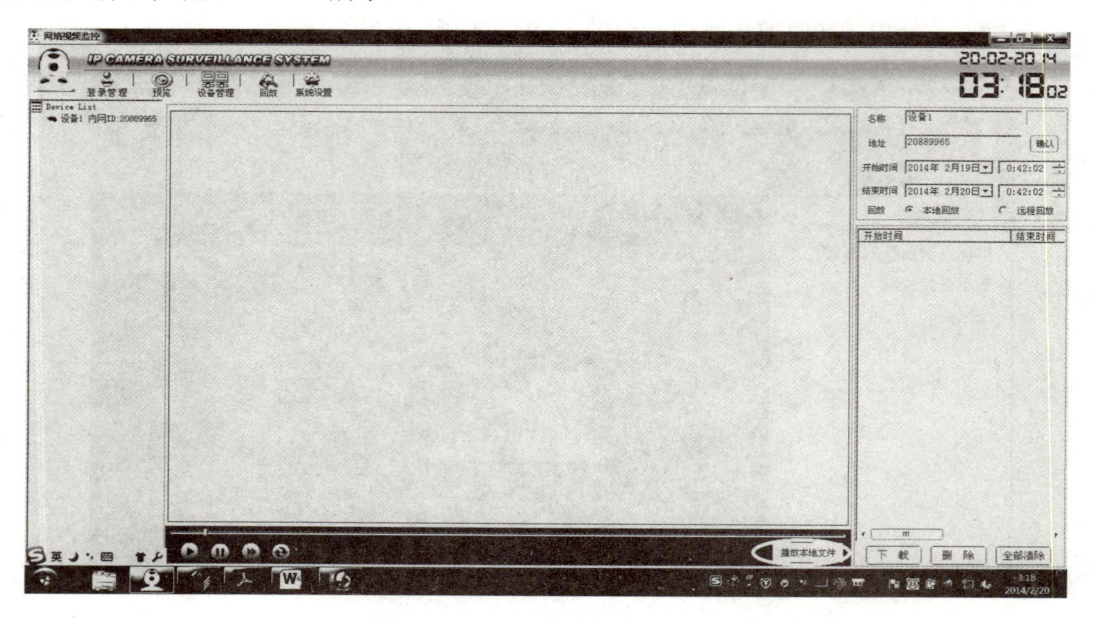

图 3－2－26　硬盘上的监控回放

3. 通过读卡器回放 TF 卡上的录像文件

将摄像机上的 TF 卡拔下来，通过读卡器，连接到计算机上，然后用监控软件来进行回放。回放过程与回放计算机硬盘上的录像文件是一样的。在右侧选中“本地回放”选项，然后再单击“确认”按键，此时，会弹出对话窗，让你选择“是否回放 TF 卡文件”，选择“是”按键，然后在弹出窗口中找到 TF 卡目录上的 IPCAM 目录，则列出来的文件就是录像在 TF 卡上的文件。

4. 回放控制：快进、定位、图像翻转

回放时，可以拖动进度条，实现快速定位。定位时间会显示在进度条的下端。如果摄像机是反装的，那么可以按图像翻转按键，来将图像翻转过来，如图 3－2－27 所示。

（六）监控软件登录管理

为了避免陌生人在你的计算机上操作你的摄像机，监控软件需要输入密码后才能进行操作。

初始用户名：admin，初始密码：admin。

修改登录密码：成功登录监控软件后，单击“登录管理”菜单，你可以设置新的密码。

恢复初始密码：如果你忘了密码，那么，在登录界面，单击“恢复默认”，即可重置默认密码为“admin”。注意：恢复默认操作，会清空所有的设备列表。

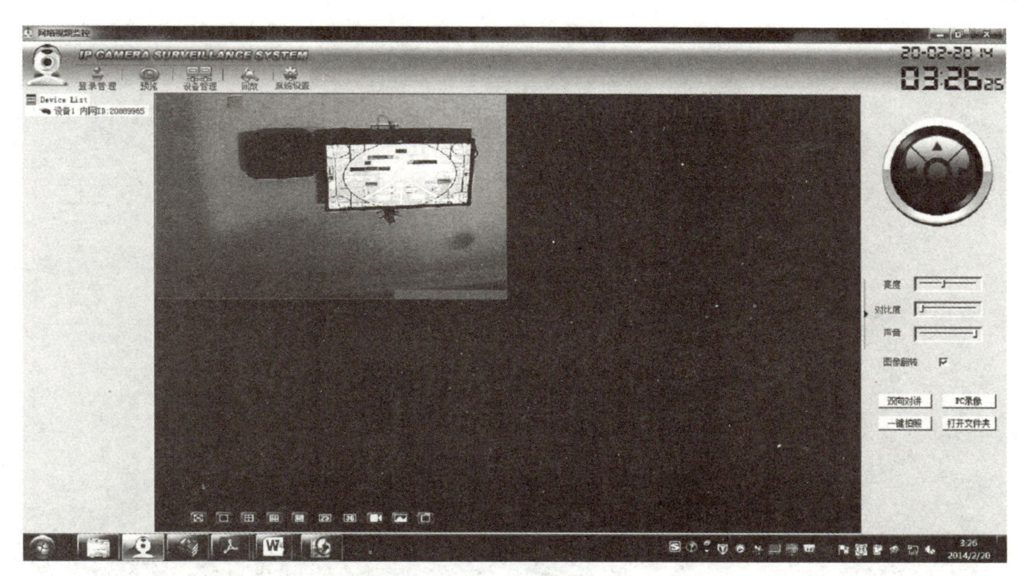

图 3-2-27　回放控制

（七）系统设置

（1）设置默认的计算机录像及一键拍照存储目录，如图 3-2-28 所示。

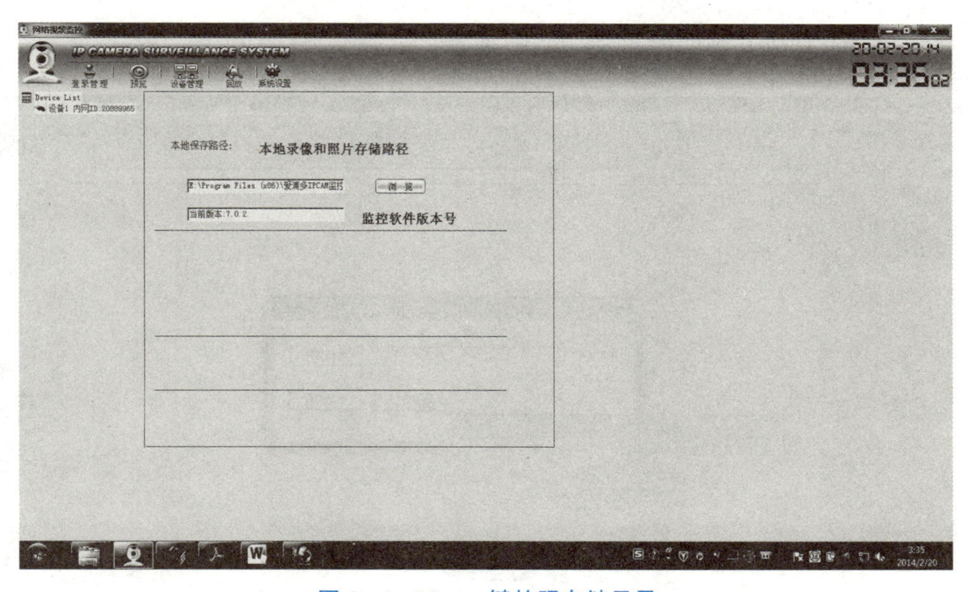

图 3-2-28　一键拍照存储目录

（2）摄像机的高级功能配置。

① 查看摄像机的固件版本和 TF 卡容量，如图 3-2-29 所示。

② 升级摄像机的固件。

● 从爱浦多官方获取最新的摄像机固件，请确保获得的固件版本比摄像机已有的固件版本要新；

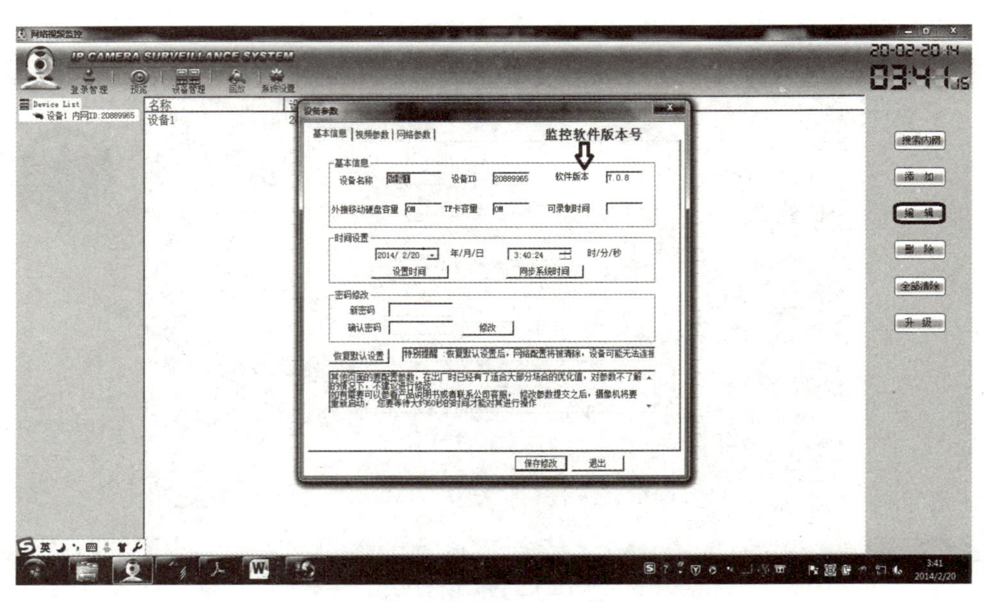

图 3-2-29　查看摄像机的固件版本和 TF 卡容量

- 确保摄像机在线并且和 PC 监控软件能够正常连接；
- 单击 PC 监控软件的“设备管理”菜单，选中想要升级的摄像机；
- 单击右侧的“升级”按键；
- 按步骤要求完成升级，如图 3-2-30 所示。

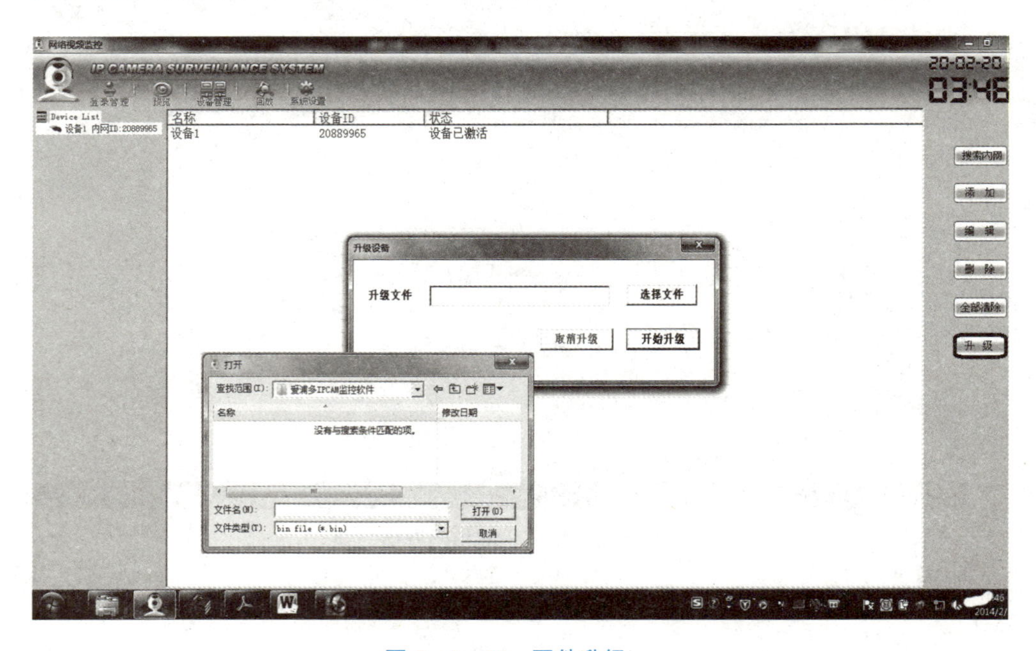

图 3-2-30　固件升级

③ 设置摄像机时间。

摄像机内置了实时时钟，这样，即使不给摄像机通电，也能确保摄像机时间不会中断，

这对于存储录像系统是极其重要的。

在监控软件第一次连接摄像机时，会自动将当前的计算机时间同步到摄像机。用户也可以自己手动设置摄像机的时间，如图 3－2－31 所示。

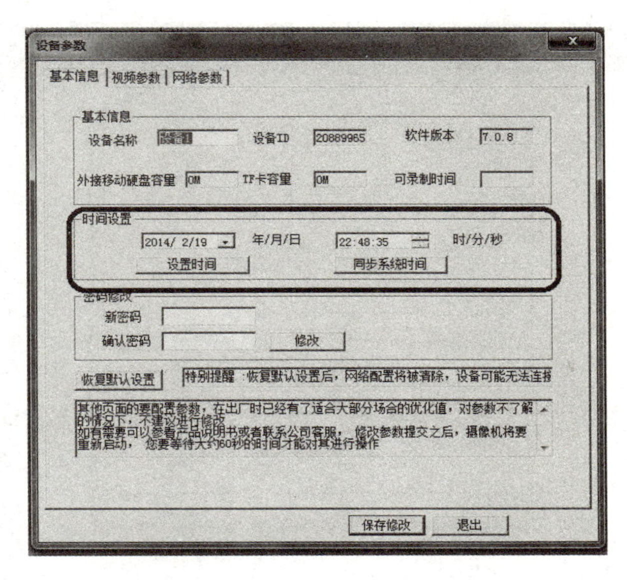

图 3－2－31　时间设置

④ 摄像机访问密码的重置。

有两种方式设置摄像机的访问密码：

● 在摄像机和计算机连接正确的情况下，单击“设备管理”菜单，进一步双击设备名，弹出配置向导后，在向导模式下，设置访问密码。

● 在详细配置界面上，进行访问密码的设置，如图 3－2－32 所示。

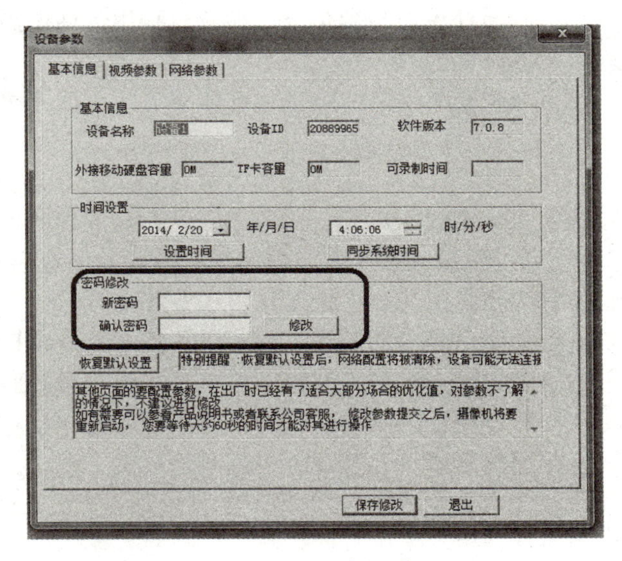

图 3－2－32　密码重置

⑤ 恢复摄像机的默认配置。

在详细配置界面上，单击“恢复默认设置”按键，即可将摄像机恢复成出厂默认配置。

⑥ 视频参数设置，如图 3－2－33 所示。

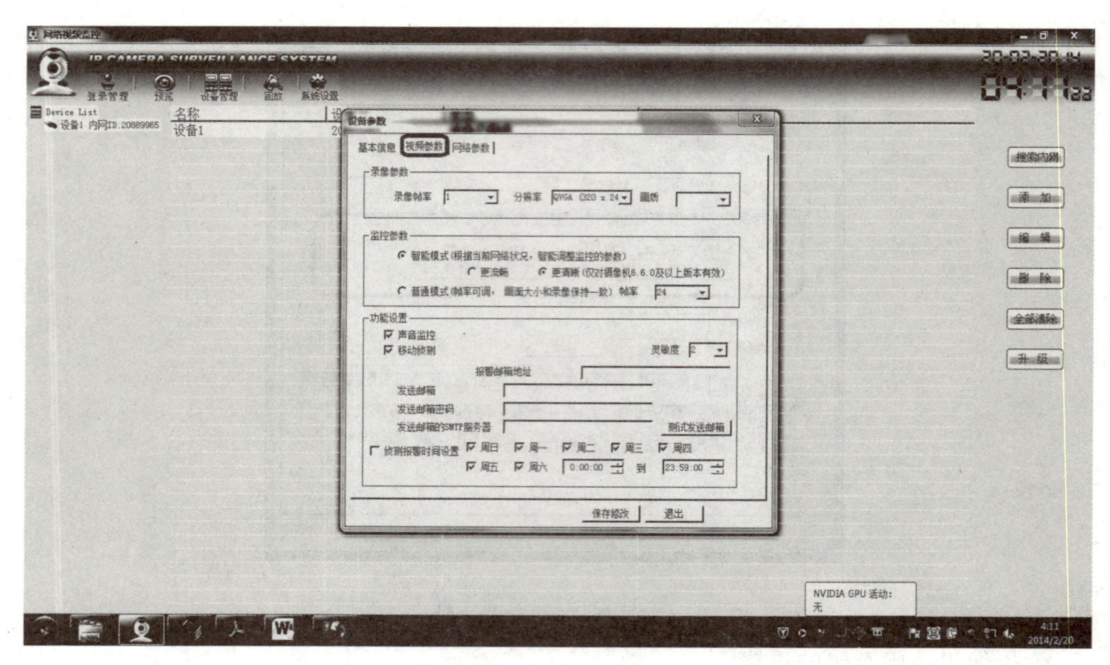

图 3－2－33　视频参数设置

录像帧率：从 1 帧到 24 帧。帧率越高，画面越流畅，但是录像占用的空间就越大。

分辨率：QVGA 320×240 像素和 VGA 640×480 像素两种可选。分辨率越高，画面越清晰，但是录像占用的空间就越大。

智能模式：根据不同的网络环境，摄像机会自动调整输出画面的清晰度。如果是通过互联网来进行观看，建议调整成流畅模式。

普通模式：摄像机输出画面的清晰度，始终和录像的画面清晰度保持一致。

（八）移动侦测

移动侦测，英文翻译为“Motion detection technology”，一般也叫运动检测，常用于无人值守监控录像和自动报警。通过摄像头按照不同帧率采集得到的图像会被 CPU 按照一定算法进行计算和比较，当画面有变化时，如有人走过、镜头被移动时，计算比较结果得出的数字会超过阈值并指示系统能自动做出相应的处理。移动侦测技术是运动检测录像技术的基础，现在已经被广泛使用于网络摄像机、汽车监控锁、数字宝护神、婴儿监视器、自动取样仪、自识别门禁等众多安防仪器和设施上。常见的移动侦测系统还允许使用者可以自由设置布防撤防时间、侦测的灵敏度、探测区域。当触发时应可联动录像、联动报警输出、联动摄像机转到相应的预置位。

摄像头的移动侦测功能打开后，摄像机检测到当前画面有物体移动时，会向指定的报警邮箱发送实时的 JPEG 图片。设置方法如图 3－2－34 所示。

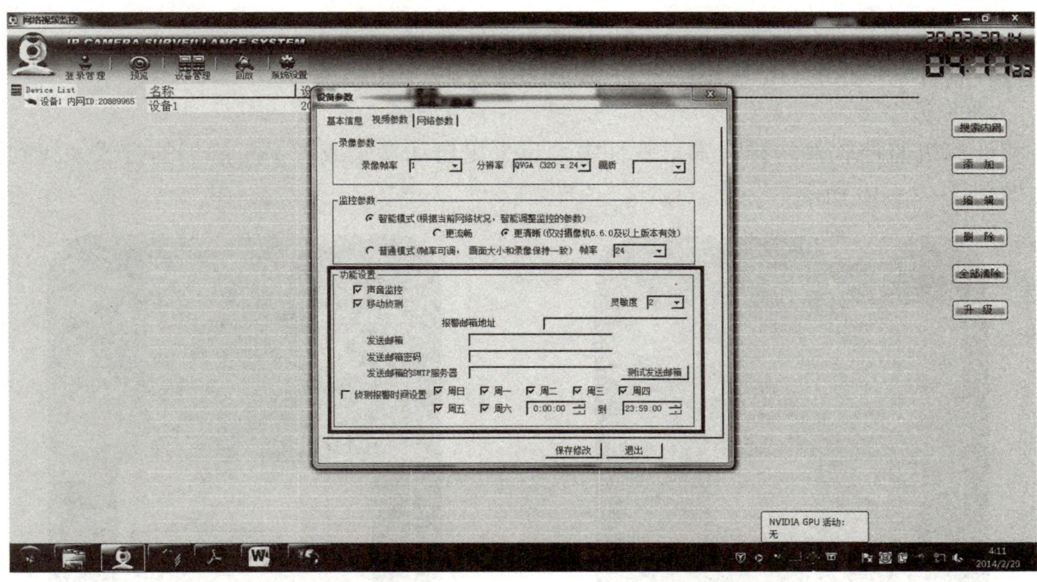

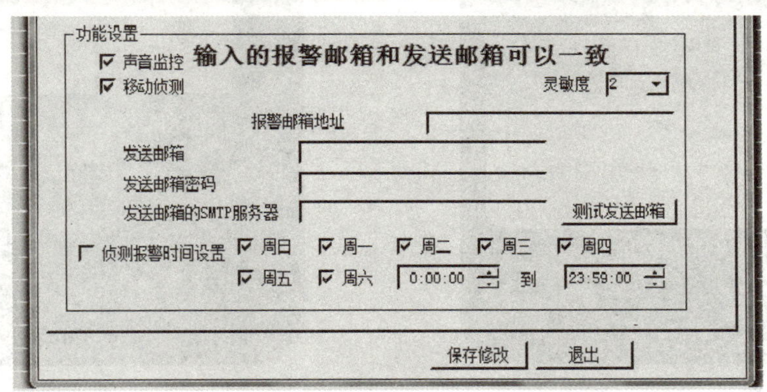

图 3－2－34　移动侦测

（1）设置移动侦测的灵敏度：1 代表最灵敏，3 代表最不灵敏。

（2）请按示例的方式，填写正确的邮箱信息。请从你的邮箱供应商那里获得正确的 SMTP 服务器地址。

QQ 邮箱用户，请确认你的 QQ 邮箱的 POP3/SMTP 和 IMAP/SMTP 功能是打开的。

（3）设置完成后，可以单击“邮箱测试”按键，以确保邮箱发送成功。

（4）用户也可以为移动侦测设置时间段，只有在指定时间段内，才会向报警邮箱发送报警图片。

（九）安卓平台软件安装使用

1. 软件下载

下载地址：http：//www.iped.com.cn/download/android.html。

用 Winrar 解压下载的压缩包，得到安卓专用的 APK 安装程序包。

用 360 手机助手，或者 91 手机助手等软件，将 APK 安装到手机。

2. 打开并登录监控软件

打开并登录监控软件，如图 3－2－35 所示。

3. 添加设备

和计算机监控软件一样，安卓软件中，也采用自动搜索或者手工添加的方式来找到摄像机。如图 3－2－36 所示。

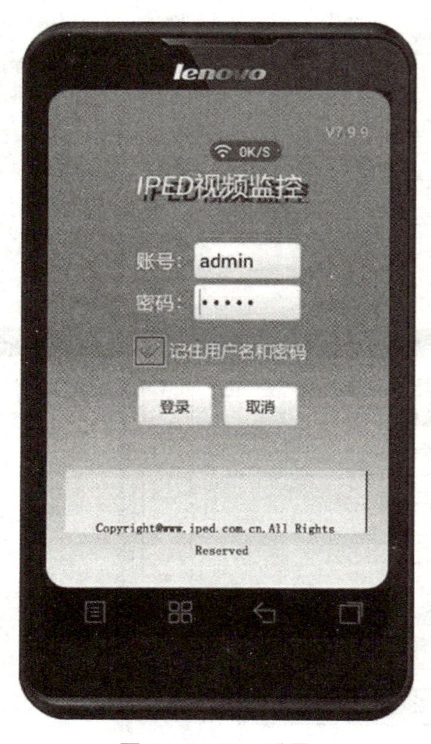

图 3－2－35　登录

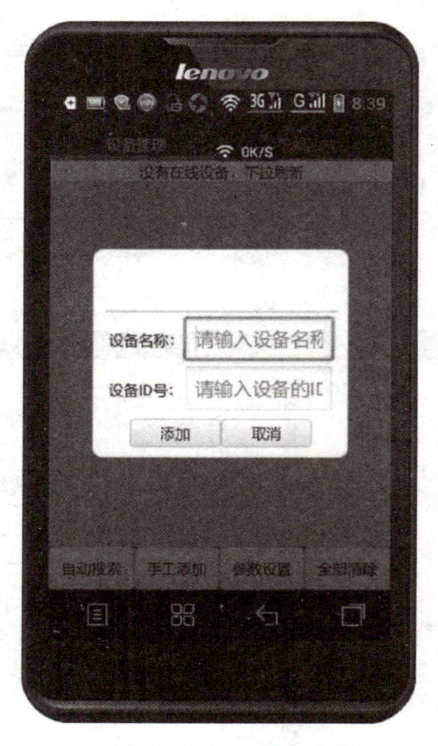

图 3－2－36　设备安装

自动搜索：如果摄像机和手机 Wi－Fi 连接在同一个路由器上，那么可以通过“自动搜索”功能来找到摄像机。

手动添加：如果手机处于外网，那么需要用添加设备的方式来找到设备。

4. 观看监控画面

如果手机网络正常，则返回视频界面，长按右下方的设备 ID，观看实时监控画面；监控画面可以实现上下左右云台控制、图像翻转、双向对讲、一键拍照功能，如图 3－2－37 所示。

5. 回放

选择需要回放的设备，设置起止时间，搜索。如图 3－2－38 所示。

（十）苹果 iOS 平台软件安装使用

监控软件，支持 5.0 及以上的 iOS 版本。

1. 安装软件

（1）打开苹果手机或者平板上的 APP STORE 应用商店。

（2）搜索关键字“iped”或者“爱浦多”，即可找到最新的软件。

图 3-2-37　观看监控画面

图 3-2-38　回放

（3）下载并安装。

2. 打开并登录监控软件

默认用户名：admin；默认密码：admin。

3. 添加设备

和计算机监控软件一样，苹果软件中，也采用自动搜索或者手工添加的方式来找到摄像机。

自动搜索：如果摄像机和手机 Wi-Fi 连接在同一个路由器上，那么可以通过“自动搜索”功能来找到摄像机。

手动添加：如果手机处于外网，那么需要用添加设备的方式来找到设备。

4. 观看监控画面

如果手机网络正常，则选择要监控的设备，单击播放监控。

5. 监控画面控制

在监控画面可以实现上下左右云台控制、图像翻转、一键拍照功能。

具体操作图例请注意“苹果 iOS 平台软件”手机屏幕提示。

任务三　GT2440 嵌入式系统安装与应用程序编写实验

【目标】

通过 GT2440 嵌入式开发系统安装，掌握嵌入式系统安装步骤，了解 WinCE 系统特性。

（1）会连接嵌入式系统的硬件连接。
（2）会使用超级终端进行系统安装。
（3）会安装嵌入式系统的 USB 下载驱动。
（4）会编写基于 WinCE 系统的 C#应用程序。
（5）了解嵌入式系统的基本工作方式，掌握嵌入式系统的基本知识。

GT2440 嵌入式系统安装与应用程序编写实验

【工作任务】

随着嵌入式系统的广泛应用，越来越多的应用系统基于嵌入式系统，所以在这里我们对嵌入式 WinCE 系统的安装过程做了详细的讲解，并尝试在嵌入式 WinCE 系统中编写基于 C#应用程序。本任务中我们需要掌握嵌入式 WinCE 系统的安装步骤，嵌入式 WinCE 系统的 USB 下载驱动的安装、系统同步软件安装。

最后，任务中我们需要掌握使用 Visual Studio 2005 软件编写基于 WinCE 系统的 C#应用程序。首先要学会连接实训平台中的带数字量输出功能的传感器节点和协调器，使它们之间能通信，并利用串口调试助手进行调试验证，确定硬件的完好；然后在.Net 平台下，利用 C#语言完成传感器节点控制程序的编写，通过程序来控制传感器节点上所连接的 LED 灯。

【实训设备】

（1）协调器一个。
（2）带数字量输出功能的传感器节点一个。
（3）计算机一台，装有 Visual Studio 2005 软件、串口调试助手软件。
（4）USB 数据线三根（两根给协调器模块及数字量输出模块供电，一根应与嵌入式系统与 Windows 系统同步时使用）。
（5）嵌入式开发板一套。

【相关知识】

（一）USB 驱动安装

首先我们将嵌入式开发板设置为 Nor Flash 启动，使用 USB/B 连接线连接到 PC 上，这时计算机提示找到新硬件，如图 3－3－1 所示。

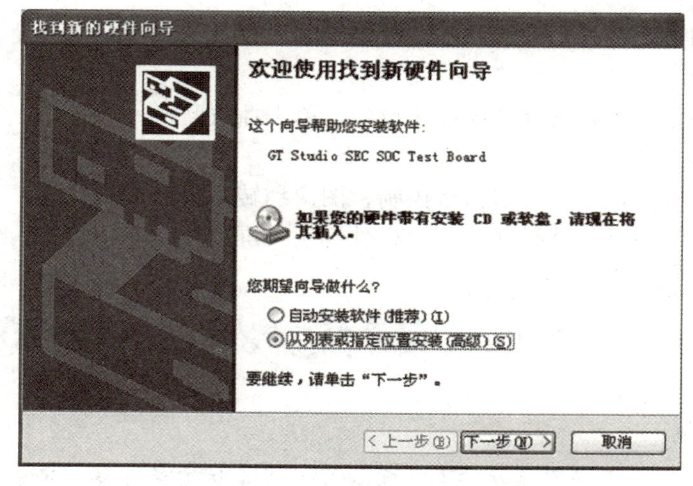

图 3－3－1　硬件安装

选中“从列表或指定位置安装”，单击“浏览”按键找到USB驱动文件“GT240RAM光盘\ Windows平台开发工具包\usb下载驱动”，如图3-3-2所示。

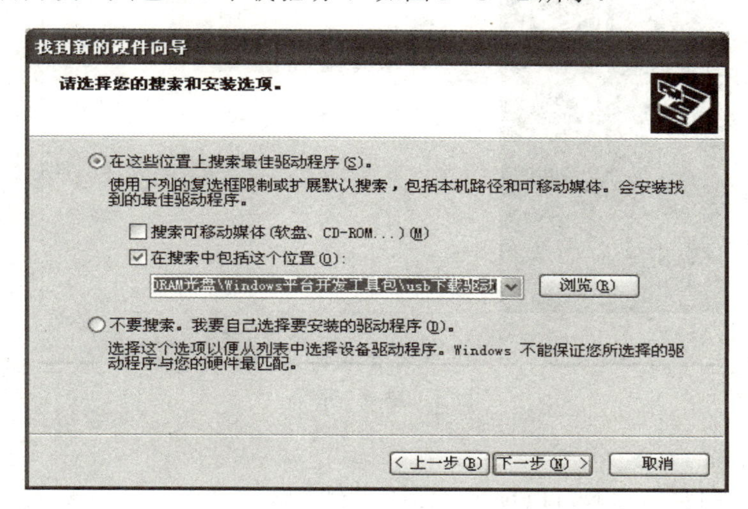

图3-3-2　USB驱动安装

单击“下一步”按键，得到如图3-3-3所示安装过程。

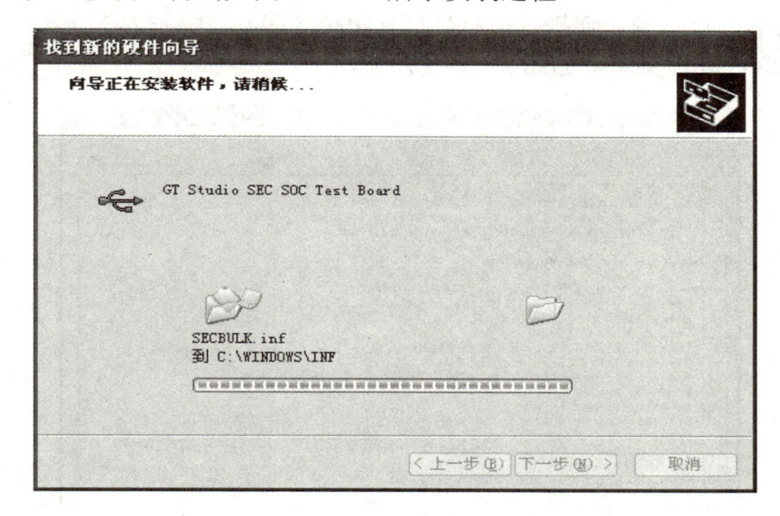

图3-3-3　安装驱动

安装完成后会出现如下界面，并在“我的电脑”→“管理”→“设备管理器”找到新安装的硬件，如图3-3-4所示。

（二）嵌入式WinCE系统安装

安装 WinCE所需要的二进制文件，4.3英寸屏位于光盘的“GT2440烧录镜像\LCD4.3\WinCE5.0”目录中。以下以3.5英寸屏为例，说明为WinCE系统安装的完整步骤，用户可根据实际情况删减。安装WinCE系统主要有以下步骤：格式化Nand Flash、安装STEPLDR、安装Eboot、下载开机画面、安装WinCE内核映像。

图 3-3-4　完成

1. 格式化 Nand Flash

注意：格式化将会擦除 Nand Flash 里面的所有数据。

说明：由于安装 WinCE 系统需要将 Nand Flash 前面一段空间标志为坏块区域，因此重新安装 WinCE 引导程序时需要将 Nand Flash 进行坏块擦除，如果此时 Nand Flash 空间未被标志为坏块，则可省略此步骤。连接好串口，打开超级终端，波特率为 115 200 bps，上电启动开发板，进入 BIOS 功能菜单，如图 3-3-5 所示。

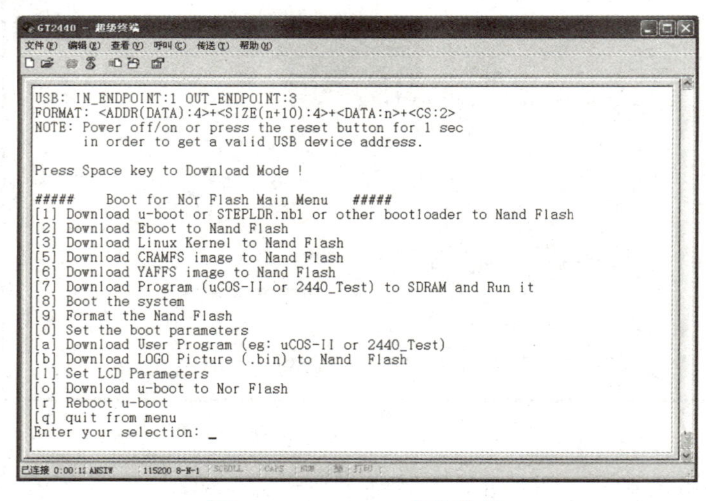

图 3-3-5　BIOS 功能菜单

选择功能号［9］出现格式化选项，如图 3-3-6 所示。

选项说明：

［1］彻底格式化 Nand Flash（包括坏块在内，不是很安全的一种格式化方法），不过当烧写了 WinCE 之后，再要重新烧写 WinCE 引导程序，就需要使用该命令了。

［2］普通格式化。

［q］返回上层菜单。

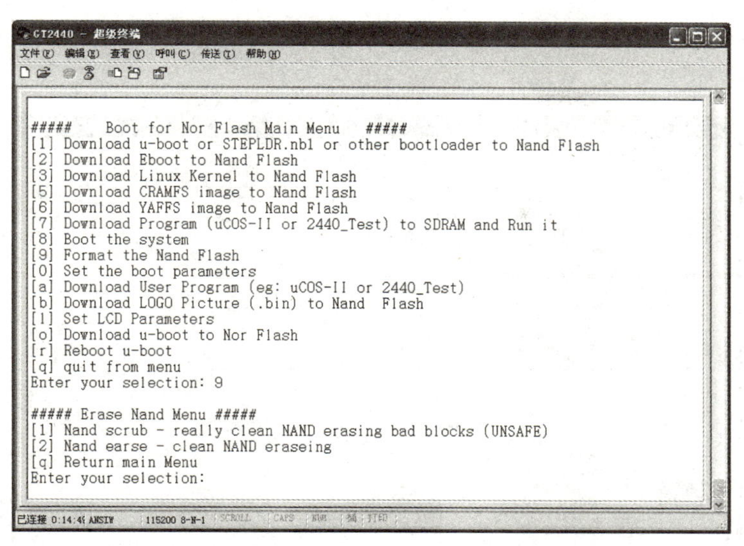

图 3－3－6　格式化菜单

选择功能号［1］，出现警告信息，输入“y”，完成格式化，如图 3－3－7 所示。选择［q］，返回上层菜单。

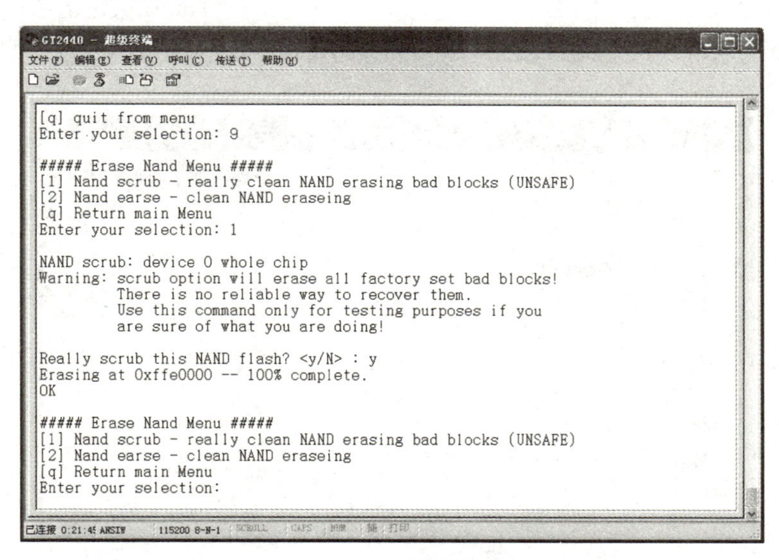

图 3－3－7　警告信息

2. 安装 STEPLDR

（1）打开 DNW0.5L 程序，接上 USB 电缆，如果 DNW 标题栏提示“[USB：OK]”，说明 USB 连接成功，如图 3－3－8 所示。

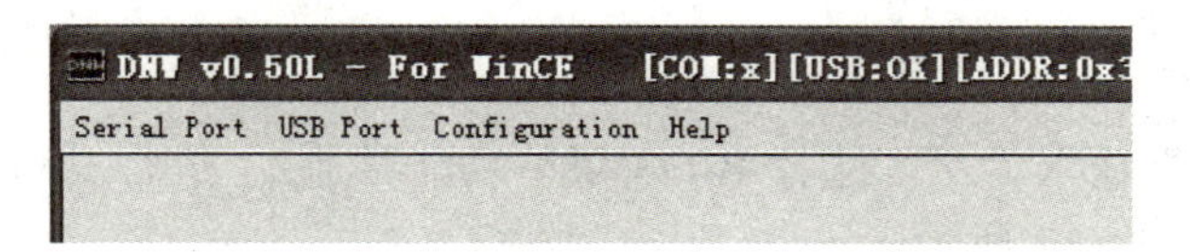

图 3－3－8　DNW 标题栏

（2）在超级终端里输入“1”，选择 BIOS 菜单功能号［1］进行 STEPLDR 下载，此时出现等待下载信息，如图 3－3－9 所示。

```
GT2440 - 超级终端
文件(F) 编辑(E) 查看(V) 呼叫(C) 传送(T) 帮助(H)

[1] Nand scrub - really clean NAND erasing bad blocks (UNSAFE)
[2] Nand earse - clean NAND eraseing
[q] Return main Menu
Enter your selection: q

#####    Boot for Nor Flash Main Menu    #####
[1] Download u-boot or STEPLDR.nb1 or other bootloader to Nand Flash
[2] Download Eboot to Nand Flash
[3] Download Linux Kernel to Nand Flash
[5] Download CRAMFS image to Nand Flash
[6] Download YAFFS image to Nand Flash
[7] Download Program (uCOS-II or 2440_Test) to SDRAM and Run it
[8] Boot the system
[9] Format the Nand Flash
[0] Set the boot parameters
[a] Download User Program (eg: uCOS-II or 2440_Test)
[b] Download LOGO Picture (.bin) to Nand  Flash
[l] Set LCD Parameters
[o] Download u-boot to Nor Flash
[r] Reboot u-boot
[q] quit from menu
Enter your selection: 1
USB host is connected. Waiting a download.

已连接 0:30:5( ANSIW    115200 8-N-1
```

图 3－3－9　STEPLDR 下载

（3）单击 DNW0.5L 的“USB Port”→“Transmit”→“Transmit”选项，并选择打开文件 STEPLDR.nb1（该文件位于光盘的 GT2440 烧录镜像\LCD4.3\WinCE5.0 目录下）开始下载，如图 3－3－10 所示。

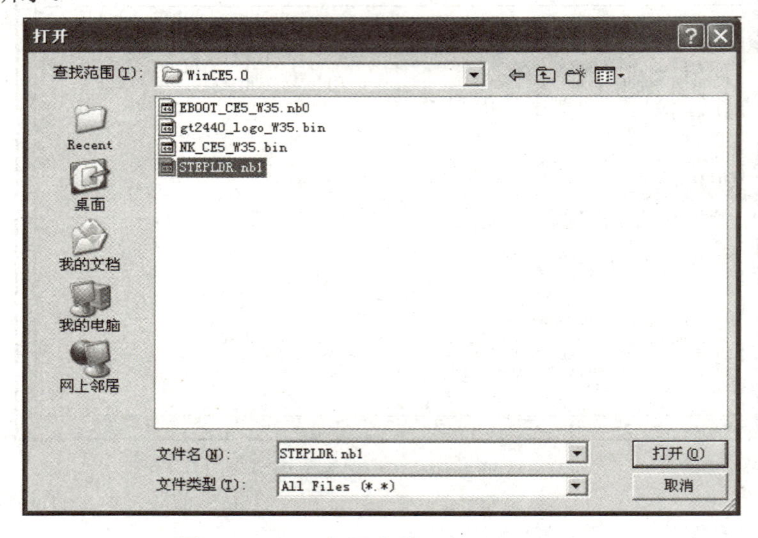

图 3－3－10　打开文件 STEPLDR.nb1

（4）下载完毕后，BIOS 会自动烧写 STEPLDR.nb1 到 Nand Flash 分区中，并返回到主菜单，如图 3－3－11 所示。

3. 安装 Eboot

（1）在超级终端里输入“2”，选择 BIOS 菜单功能号［2］进行 Eboot 下载，此时出现等待下载信息，如图 3－3－12 所示。

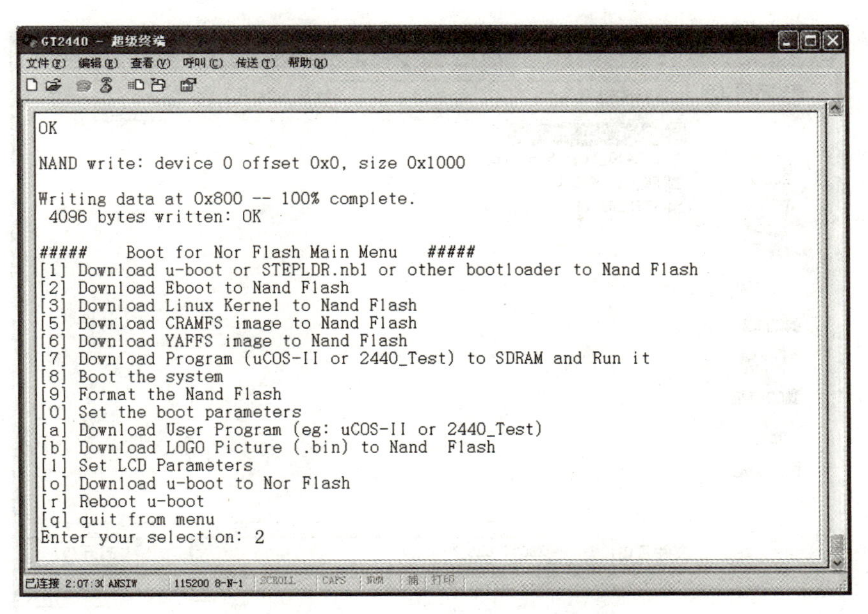

图 3-3-11　返回到主菜单

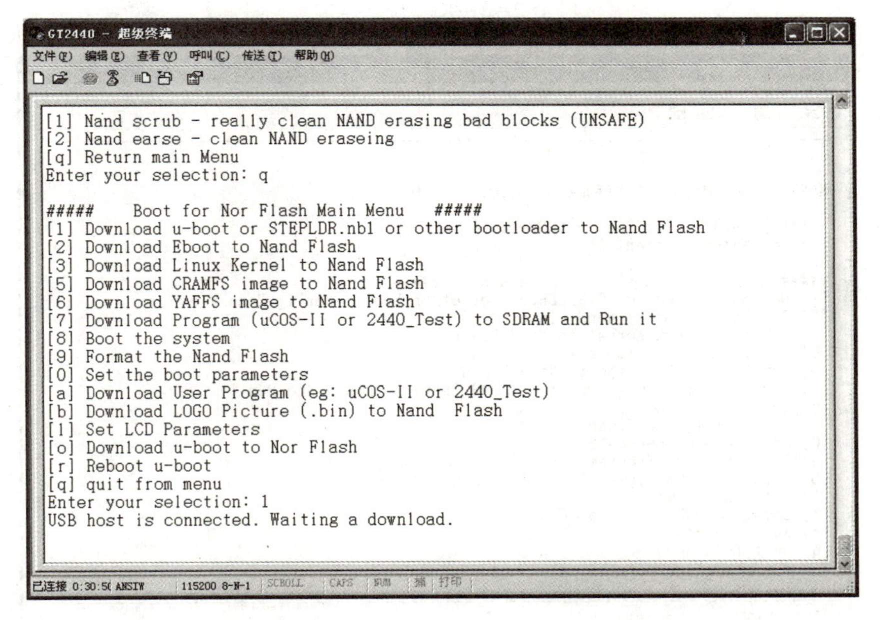

图 3-3-12　Eboot 下载

（2）单击 DNW0.5L 的"USB Port"→"Transmit"→"Transmit"选项，并选择打开文件"EBOOT_CE5_W35.nb0"（该文件位于光盘的"GT2440 烧录镜像\LCD4.3\WinCE5.0"目录下）开始下载，如图 3-3-13 所示。

（3）下载完毕后，BIOS 会自动烧写 EBOOT_CE5_W35.nb0 到 Nand Flash 分区中，并返回到主菜单，如图 3-3-14 所示。

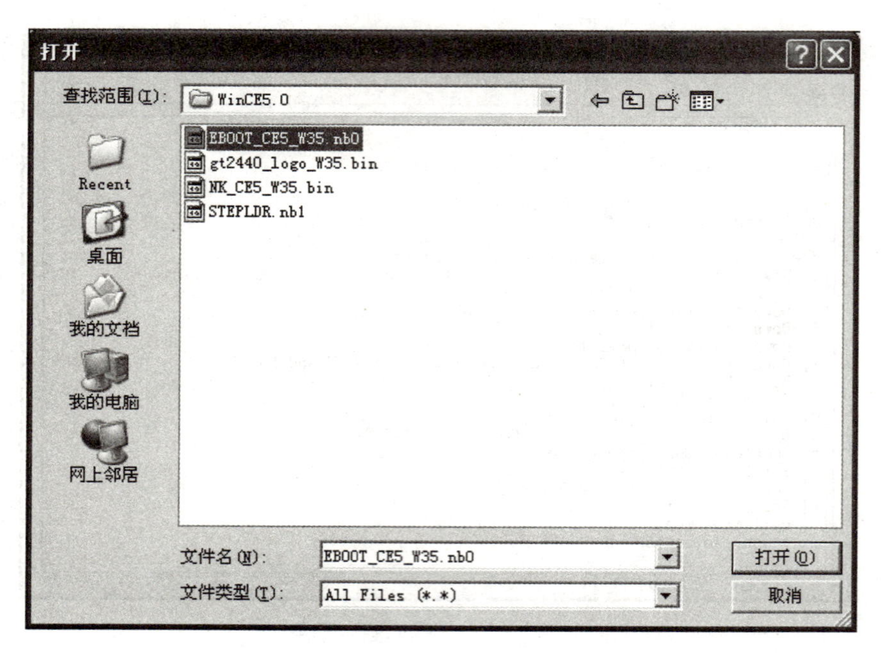

图 3-3-13 烧录镜像

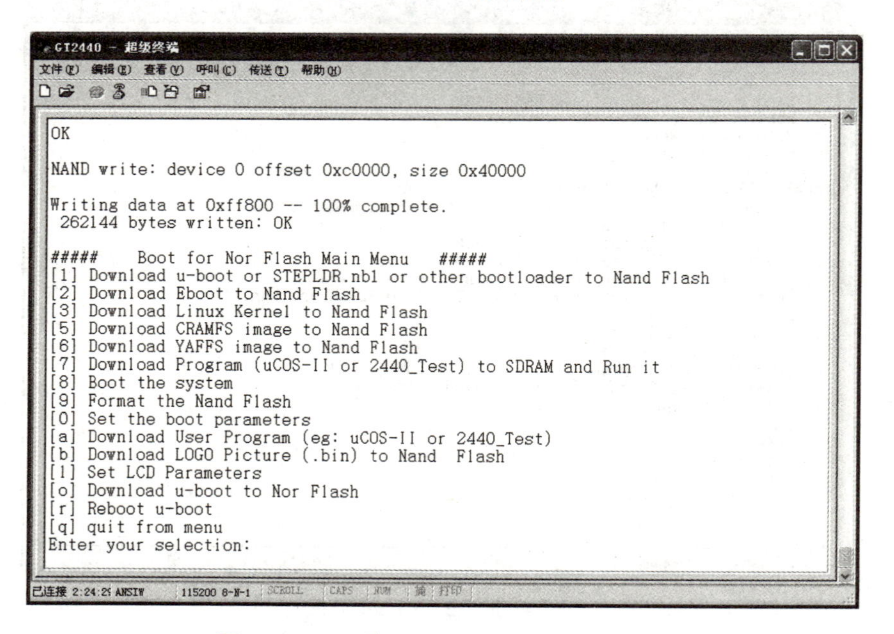

图 3-3-14 烧写 EBOOT_CE5_W35.nb0

4. 下载开机画面

（1）在 BIOS 主菜单中选择功能号［b］，开始下载开机画面，如图 3-3-15 所示。

（2）单击 DNW0.5L 的“USB Port”→“Transmit”→“Transmit”选项，并选择打开文件“gt2440_logo_W35.bin”（该文件位于光盘的“GT2440 烧录镜像\LCD4.3\WinCE5.0”目录下）开始下载，如图 3-3-16 所示。

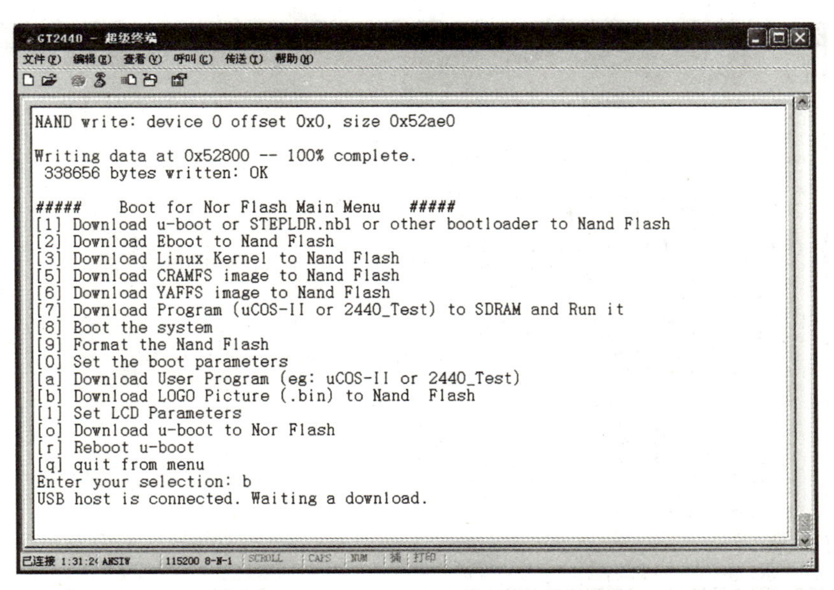

图 3－3－15　开机画面下载

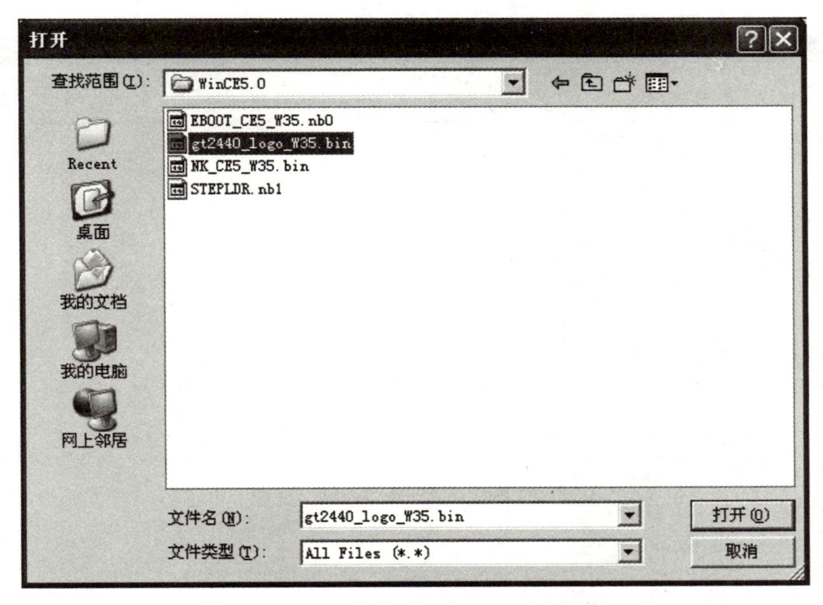

图 3－3－16　安装 gt2440_logo_W35.bin

（3）下载完毕后，BIOS 会自动烧写 gt2440_logo_W35.bin 到 Nand Flash 分区中，并返回到主菜单，如图 3－3－17 所示。

5. 安装 WinCE 内核映像

注意：把开发板设置为 Nand Flash 启动。

（1）在超级终端下按住键盘的空格键，重启开发板，出现 Eboot 的下载画面，如图 3－3－18 所示。

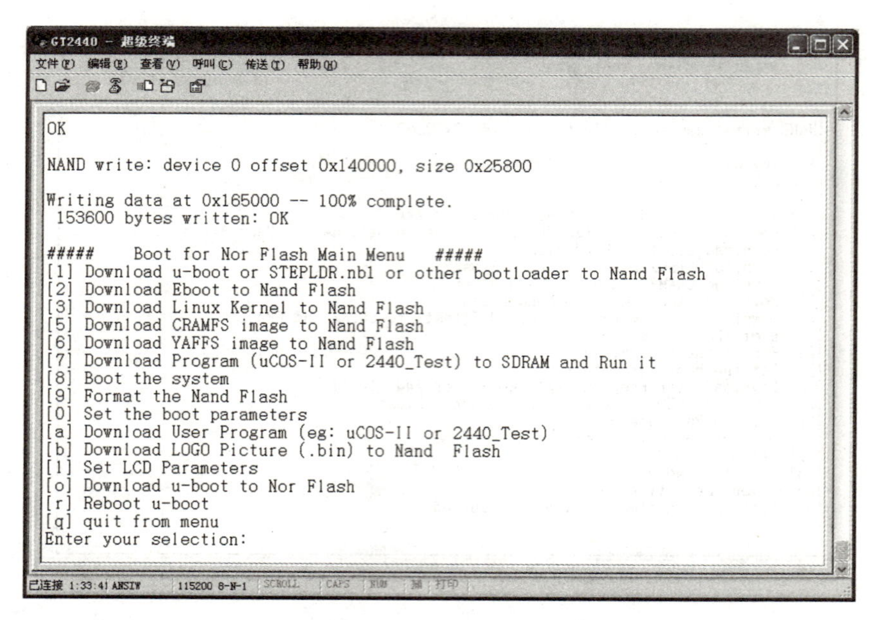

图 3-3-17　程序烧写

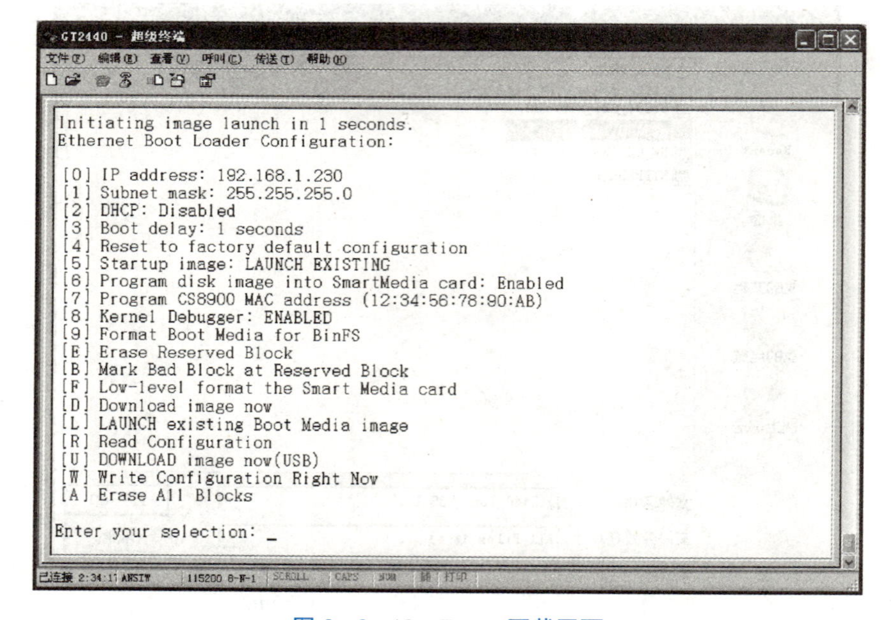

图 3-3-18　Eboot 下载画面

（2）选择 Eboot 菜单功能号［B］将 STEPLDR、Eboot 和开机画面所在区域设置为坏块区（由于安装 WinCE 过程中需要把 Nand Flash 格式化为 BinFS，为了保护引导区不受破坏，需要将引导区设为坏块区），如图 3-3-19 所示。

（3）选择 Eboot 菜单功能号［U］进行 WinCE 内核下载，此时出现等待下载信息，如图 3-3-20 所示。

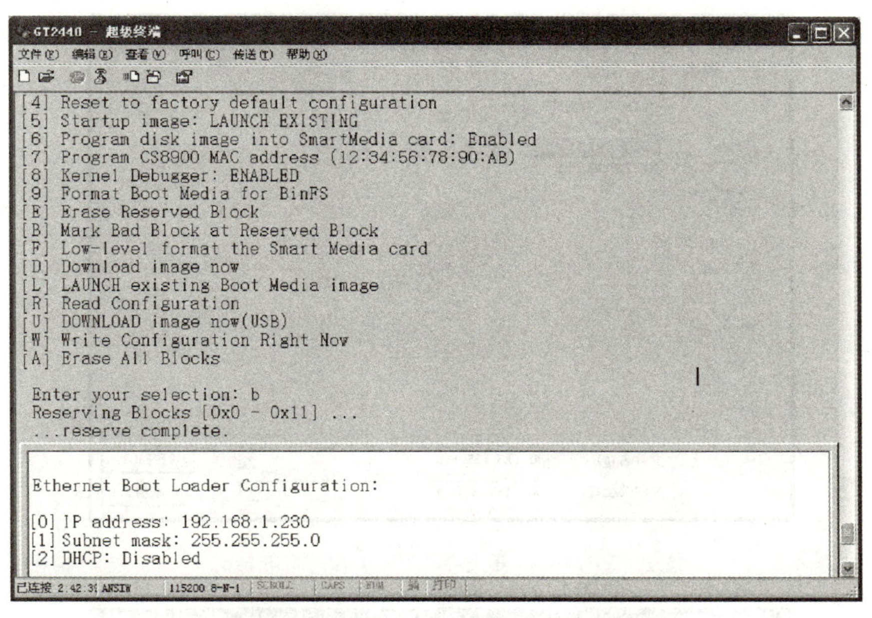

图 3-3-19　设置坏块区

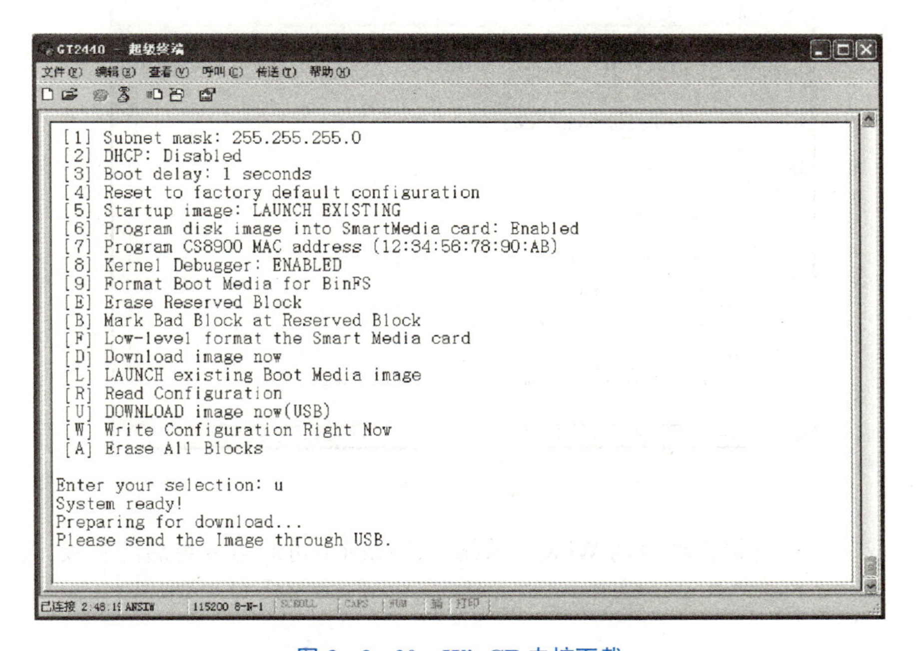

图 3-3-20　WinCE 内核下载

（4）单击 DNW0.5L 的“USB Port”→“UBOOT（WinCE500）”→“UBOOT”选项，并选择打开文件“NK_CE5_W35.bin”（该文件位于光盘的“GT2440 烧录镜像\LCD4.3\WinCE5.0”目录下）开始下载，如图 3-3-21 所示。

由于烧写 WinCE 镜像过程中需要对 Nand Flash 进行擦除和读写校验测试，这个过程很漫长，芯片容量越大则时间越长，256 MB 的 Nand Flash 大概需要 12 min，请耐心等待（如需节省时间，可先选择 Eboot 菜单的［9］选项），如图 3-3-22 所示。

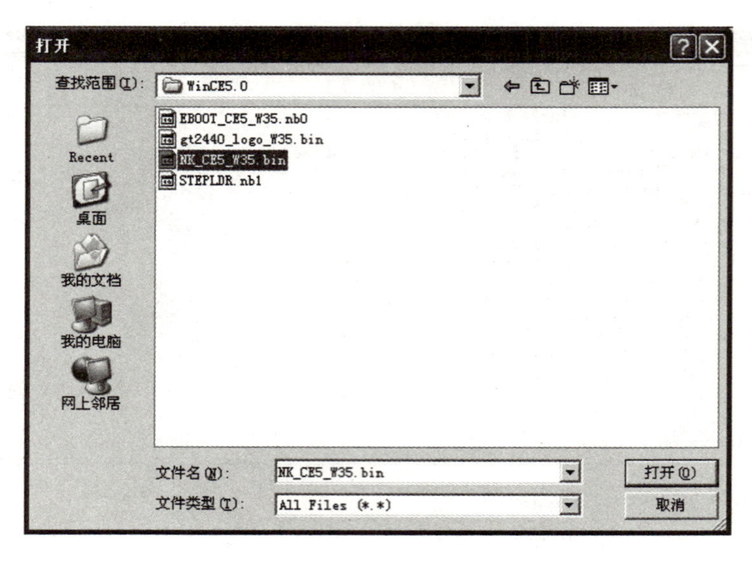

图 3-3-21　打开文件“NK_CE5_W35.bin”

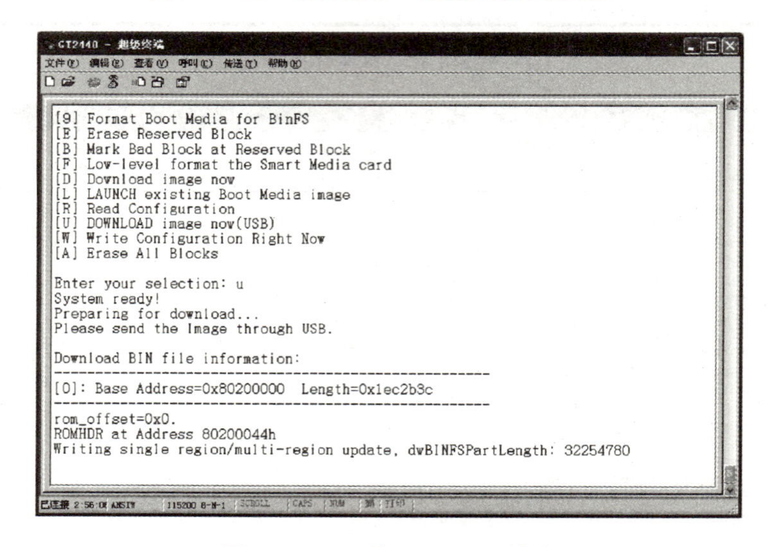

图 3-3-22　烧写 WinCE 镜像

烧写完成后，系统将自动启动 WinCE 系统。此期间不可断电或重启开发板。

任务四　使用 ActiveSync 与 PC 同步通信

使用微软提供的工具 ActiveSync，可以让 GT2440 与 PC 之间十分方便地进行通信连接，从而实现文件上传、远程调试等功能。

使用 ActiveSync 与 PC 同步通信

（一）安装 ActiveSync

（1）在光盘的“Windows 平台工具”目录中的 ActiveSync 文件夹里，双击 ActiveSync_ 4.1_setup.exe 开始安装，如图 3－4－1 所示。

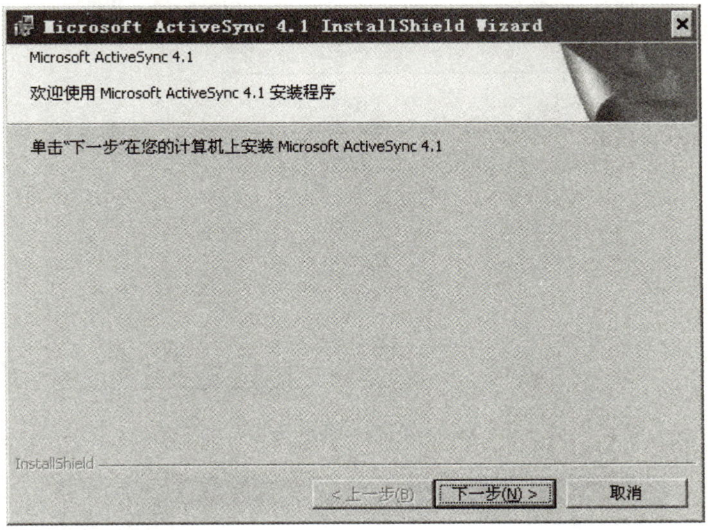

Microsoft ActiveSync 4.1 InstallShield Wizard
Microsoft ActiveSync 4.1
欢迎使用 Microsoft ActiveSync 4.1 安装程序
单击"下一步"在您的计算机上安装 Microsoft ActiveSync 4.1
InstallShield
< 上一步(B)
下一步(N) >
取消

图 3－4－1　ActiveSync_4.1_setup.exe 安装

（2）单击“下一步”按键，出现如图 3－4－2 所示对话框。选中“我接受该许可证协议中的条款”，单击“下一步”按键继续。

Microsoft ActiveSync 4.1 InstallShield Wizard
许可证协议
请仔细阅读下面的许可证协议。
MICROSOFT 软件许可条款
MICROSOFT ACTIVESYNC 4.1
本许可条款是 Microsoft Corporation（或您所在地的 Microsoft Corporation 关联公司）与您之间达成的协议。请阅读本条款的内容。本条款适用于上述软件，其中包括您用来接收该软件的媒体（若有）。本条
我接受该许可证协议中的条款(A)
我不接受该许可证协议中的条款(D)
打印(P)
InstallShield
< 上一步(B)
下一步(N) >
取消

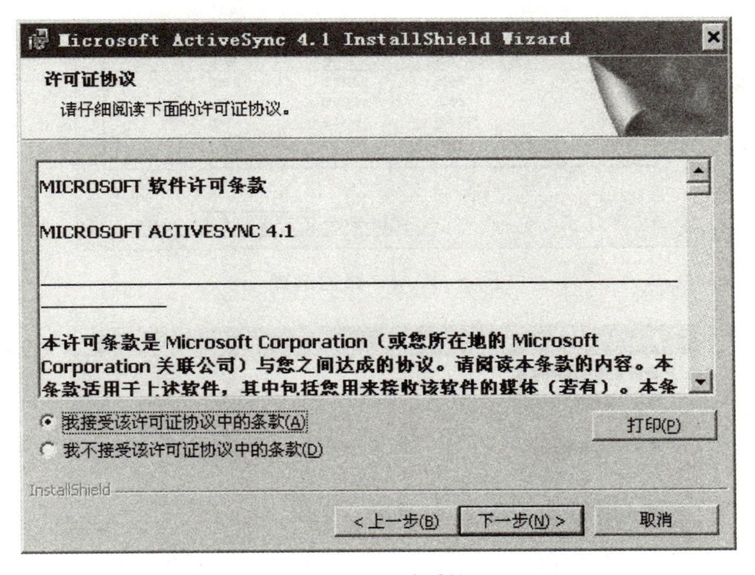

图 3－4－2　接受协议

（3）在弹出的如图 3－4－3 所示界面中，输入用户名和单位名称，然后单击“下一步”按键继续。

（4）在弹出的如图 3－4－4 所示界面中，选择要安装的目的路径，这里使用缺省值，然后单击“下一步”按键继续。

（5）出现如图 3－4－5 界面后，单击“安装”按键开始进行安装。

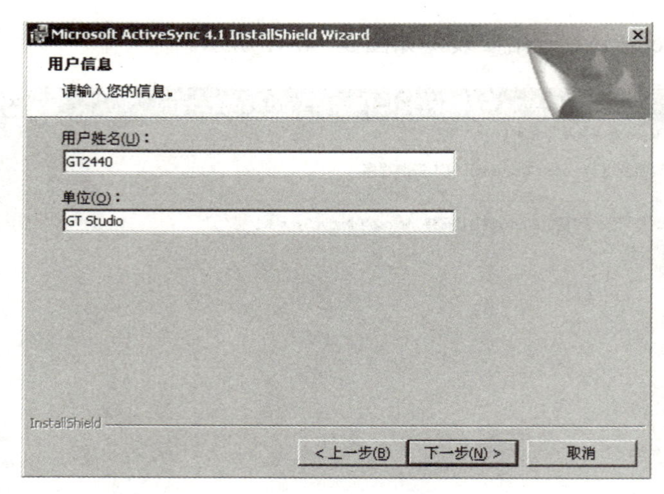

图 3-4-3　用户信息

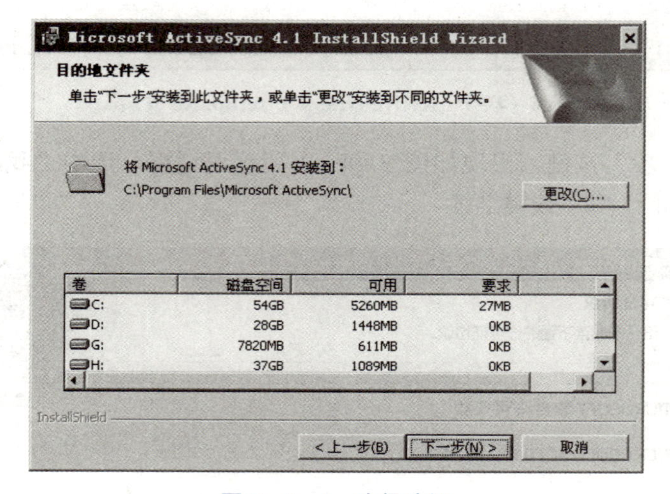

图 3-4-4　路径选择

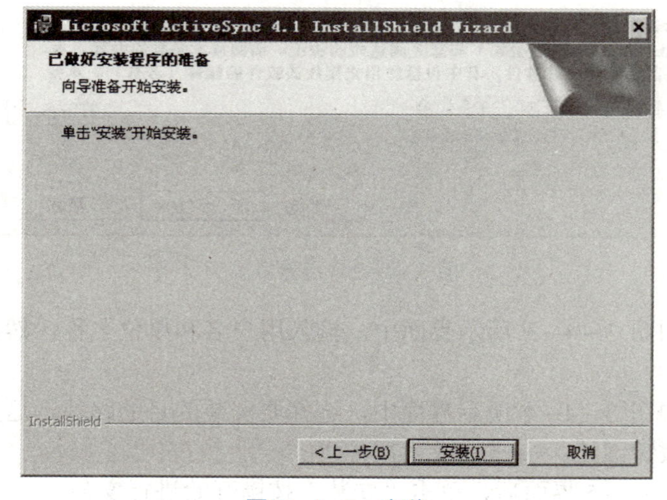

图 3-4-5　安装

出现安装过程界面，如图 3－4－6 所示。

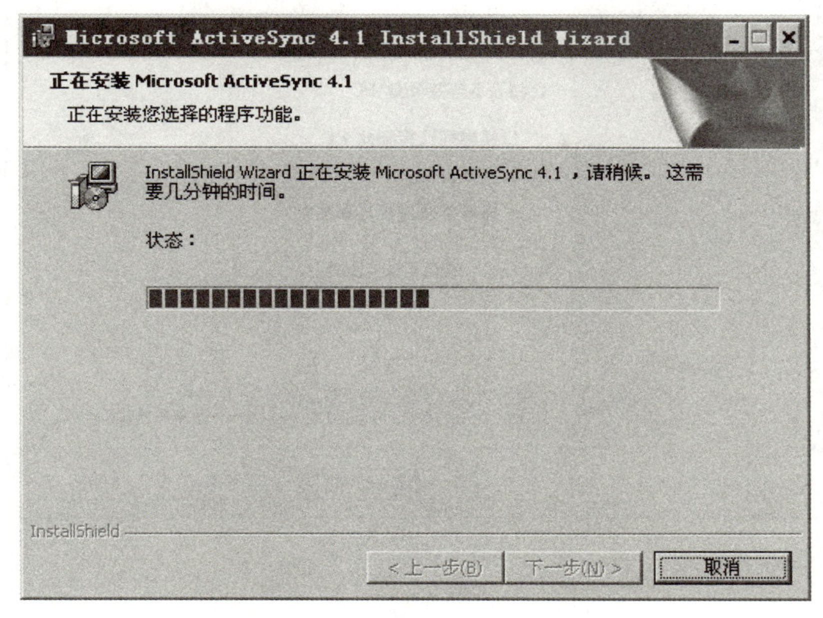

图 3－4－6　安装界面

（6）安装完毕后，单击“完成”按键退出向导，如图 3－4－7 所示。

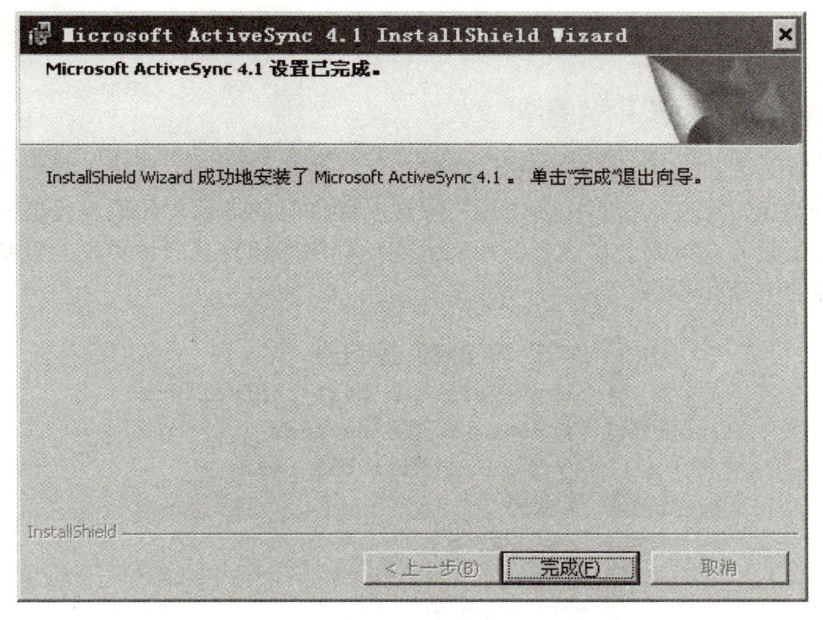

图 3－4－7　设置完成

（7）这时会自动运行 ActiveSync，单击“取消”按键，出现如图 3－4－8 所示对话框，按照提示完成连接，同时在任务栏出现相应的图标托盘，如图 3－4－9 所示。

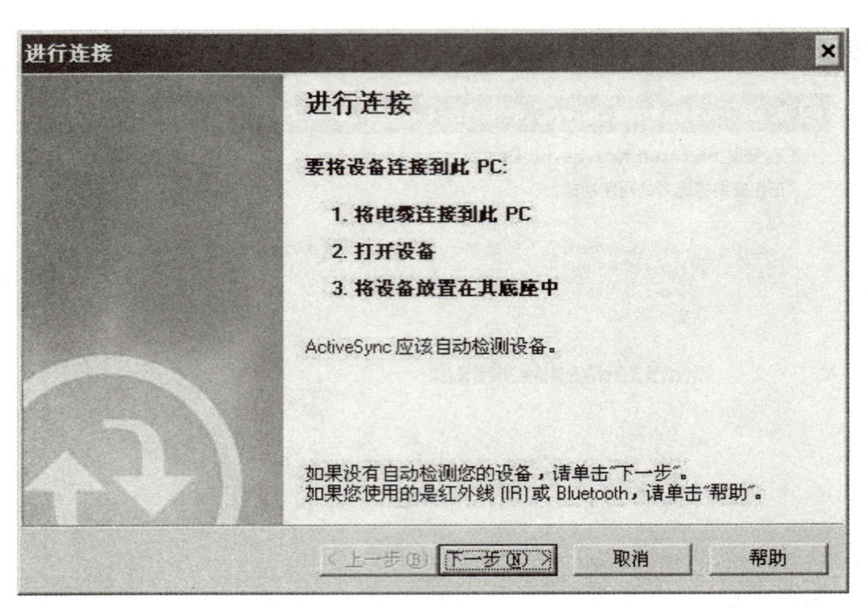

图 3-4-8　连接

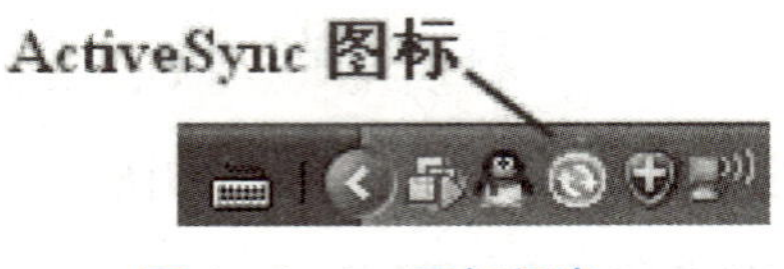

图 3-4-9　图标托盘

（二）为同步通信安装 USB 驱动

确认板子里面已经烧写好的 WinCE 映像文件，并开机运行，系统正常启动以后，接上 USB 电缆，并与 PC 连接，计算机会出现“发现新硬件”的提示，如果已经根据上一节安装好 ActiveSync 工具，系统则会自己安装相应的驱动程序。此时打开计算机的设备管理程序，出现如图 3-4-10 所示设备。

图 3-4-10　设备显示

同时 ActiveSync 会自动跳出运行，如果你对使用 ActiveSync 还不熟悉，请单击“取消”按键。否则，单击“下一步”按键完成，如图 3-4-11 所示。

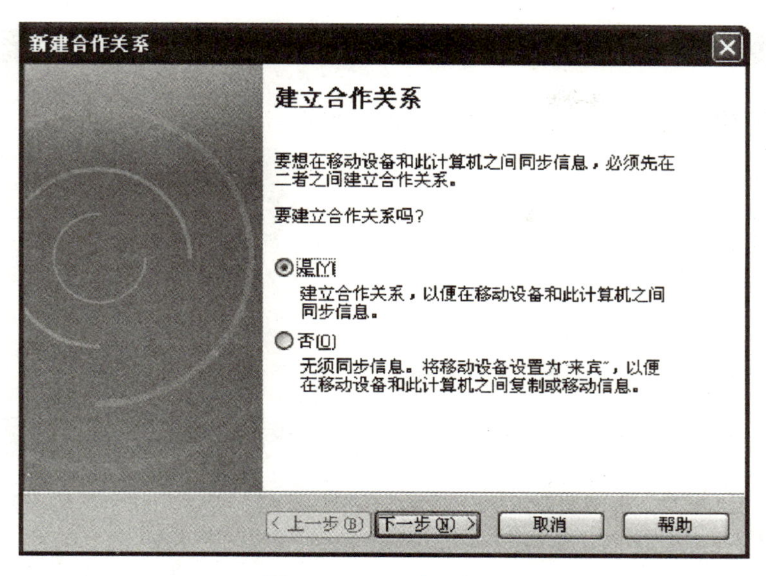

图 3-4-11　建立关系

任务五　基于嵌入式 WinCE 系统 C#应用程序编写

一、启动 Visual C#集成开发环境，新建项目

显示“新建项目”对话框后，按以下步骤完成项目的建立，如图 3-5-1、图 3-5-2 所示。

（1）在“已安装的模板”栏中选择“Visual C#”分支的“Windows”项。

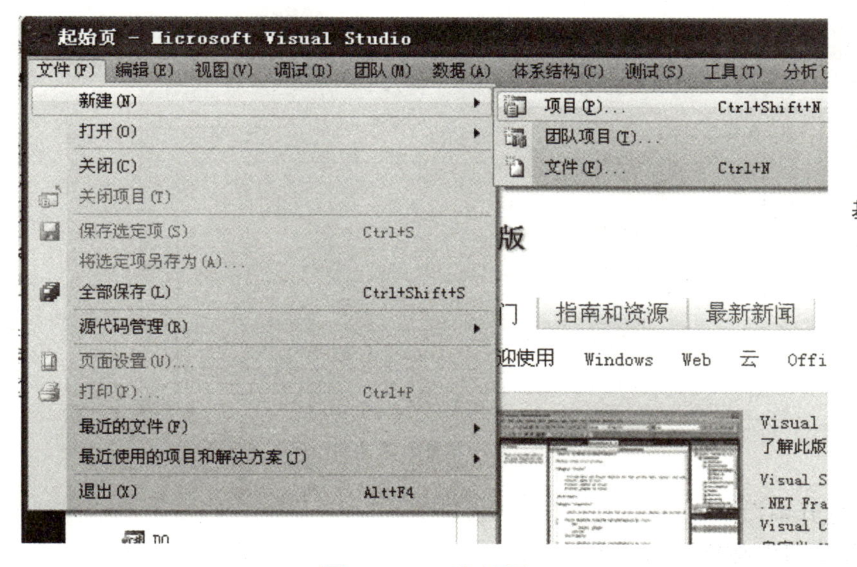

图 3-5-1　起始页

基于嵌入式 WinCE 系统 C#应用程序编写

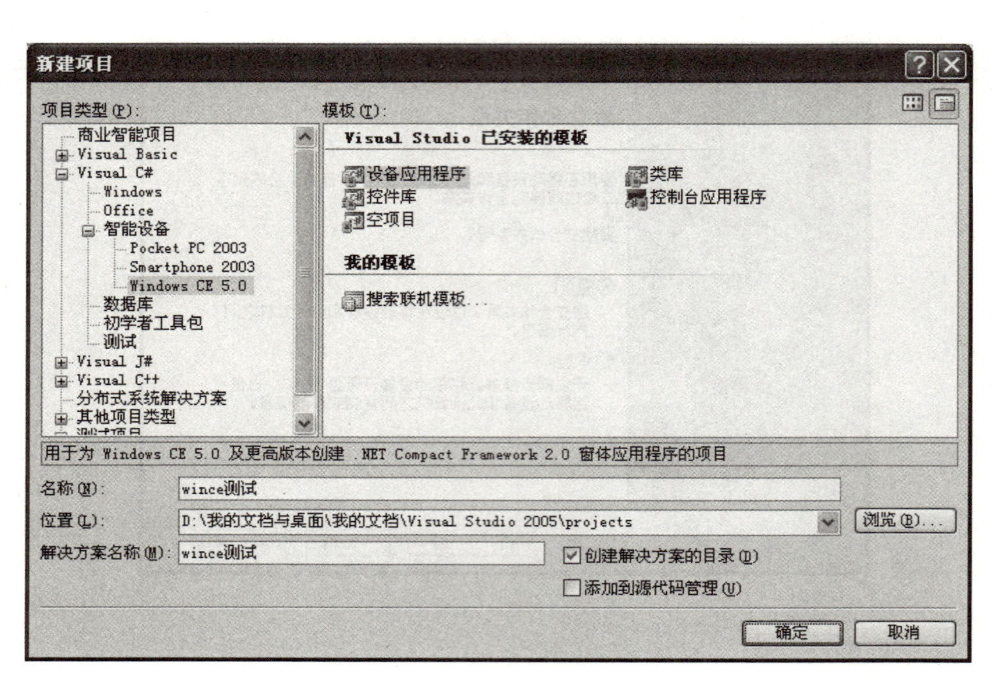

图 3－5－2　新建项目

（2）在“模板”栏选择“Windows 窗体应用程序”。

（3）最后在“名称”栏输入项目名称（例：wince 测试），然后单击“确定”按键。

二、串口控件添加与设置

从工具箱中将串口控件 SerialPort 拖到窗体上，由于该控件为不可见控件，所以不会出现在窗体上，而是列在窗体下方，如图 3－5－3 所示。注：串口波特率设置为 57 600 bps，如图 3－5－4 所示。

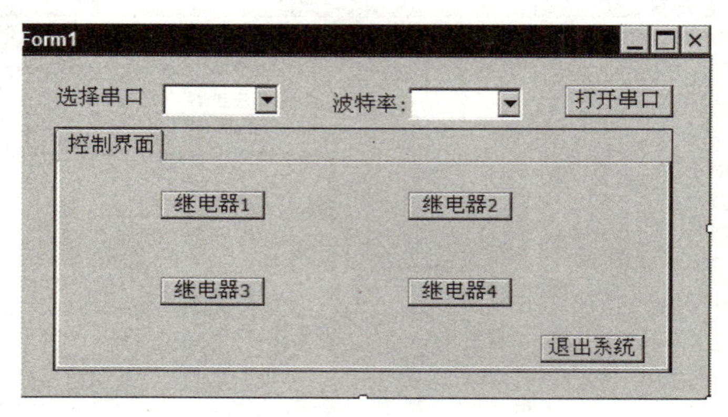

图 3－5－3　添加串口控件

1）编写“打开串口”功能代码

双击“打开串口”按键，添加 button1_Click 事件，代码如下所示：

```
private void button1_Click(object sender,EventArgs e)
    {
```

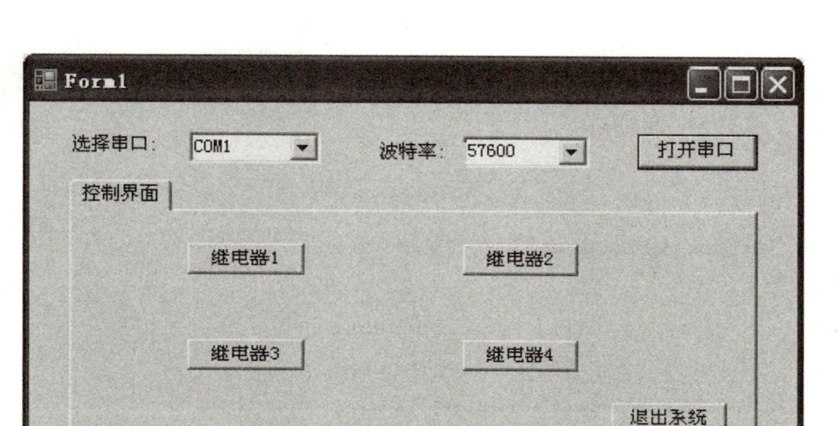

图 3-5-4　串口波特率设置

```
        //判断串口有没有打开,如果有则关闭,如果没有就打开串口
        if(sPort1.IsOpen)
        {
            sPort1.Close(    );
        }
        else
        {
            try
            {
                sPort1.PortName = sportsName.Text;
                sPort1.BaudRate = Convert.ToInt32(sportsBaudRate.Text);
                sPort1.Open(    );
            }
            catch
            {
                MessageBox.Show("串口打开失败");
            }
        }
        button1.Text = sPort1.IsOpen ? "关闭串口":"打开串口";
    }
```

程序说明：本段程序主要完成打开串口功能，并对按键的 text 值进行切换。

2）添加一个方法发送命令

```
    public void mingling(int i)
        {
            byte[] z = new byte[7];
            z[0] = 0x3A;
```

```
            z[1] = 0x30;
            z[2] = 0x33;
            z[3] = 0x33;
            z[4] = 0x01;
            switch(i.ToString(    ))
            {
                case "1":z[5] = 0x01;break;
                case "2":z[5] = 0x02;break;
                case "3":z[5] = 0x03;break;
                case "4":z[5] = 0x04;break;
            }
            z[6] = 0x2F;
            sPort1.Write(z,0,7);
        }
```

3）在相应的按键下添加命令

```
if(sPort1.IsOpen)
    {
        mingling(1);//1 为控制继电器 1,可更改作出相应的控制,例 2 为继电器 2,3 为继电器 3…
    }
    else
    {
        MessageBox.Show("请先打开串口!");
    }
```

4）运行程序

运行程序后即可实现控制。

【扩展知识】

一、GT2440 嵌入式开发系统简介

GT2440 是一款具有极高性价比的嵌入式开发系统，采用高主频高性能的 SamsungS3C2440A 处理器作为主控芯片，专业的电路设计，优秀的 LAYOUT（即优秀的布局、排线、设计），采用高品质的 PCB 板材和元器件，使其具备优越的稳定性；同时，机器贴片和批量生产保证了产品品质的一致性，可直接用于工业控制。

图 3-5-5　3.5 英寸带触摸数字液晶屏

随机配备的 3.5 英寸带触摸数字液晶屏，具备 1 600 万真彩色，给你带来艳丽的色彩体验，同时配备时尚高档的液晶面板，是你开发掌上多媒体设备的理想选择。3.5 英寸带触摸数字液晶屏如图 3-5-5 所示。

二、GT2440 主控板外观

GT2440 主控板外观，如图 3－5－6 所示。

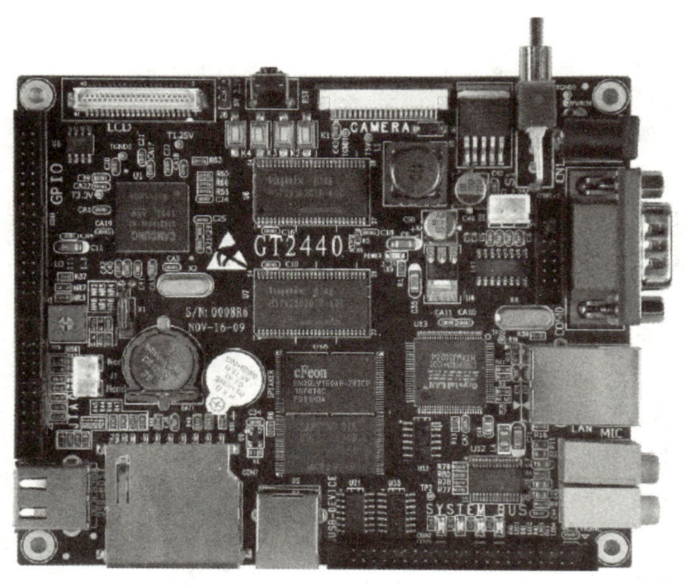

图 3－5－6　GT2440 主控板外观

三、GT2440 开发板硬件资源特性

1. CPU 处理器

——SamsungS3C2440A，主频为 400 MHz，最高为 533 MHz。

2. SDRAM 内存

——板载 64M SDRAM；

——32 bit 数据总线；

——SDRAM 时钟频率高达 100 MHz。

3. Flash 存储

——板载 256M Nand Flash，掉电非易失；

——板载 2M Nor Flash，掉电非易失，已经安装 BIOS。

4. LCD 显示

——板上集成 4 线电阻式触摸屏接口，可以直接连接四线电阻触摸屏；

——支持黑白、4 级灰度、16 级灰度、256 色、4 096 色、STN 液晶屏，尺寸从 3.5 英寸到 12.1 英寸，屏幕分辨率可以达到 1 024×768 像素；

——支持黑白、4 级灰度、16 级灰度、256 色、64K 色、真彩色 TFT 液晶屏，尺寸从 3.5 英寸到 12.1 英寸，屏幕分辨率可以达到 1 024×768 像素；

——标准配置为胜华 320×240 分辨率的 3.5 英寸 TFT 真彩液晶屏，带触摸屏；

——板上引出一个 12 V 电源接口，可以为大尺寸 TFT 液晶的 12 V CCFL 背光模块（Inverting）供电。

5. 接口和资源

——1 个 10M 以太网 RJ45 接口（采用 CS8900 网络芯片）；
——3 个串行口；
——1 个 USB Host；
——1 个 USB Slave B 型接口；
——1 个 SD 卡存储接口；
——1 路立体声音频输出接口，一路麦克风接口；
——1 个 2.0 mm 间距 20 针标准 JTAG 接口；
——4 个 USER Leds；
——4 个 USER buttons；
——1 个 PWM 控制蜂鸣器；
——1 个可调电阻，用于 A/D（模/数）转换测试；
——1 个 I^2C 总线 AT24C08 芯片，用于 I^2C 总线测试；
——1 个 20 针摄像头接口；
——板载实时时钟电池；
——电源接口（12 V），带电源开关和指示灯。

6. 系统时钟源

——12M 无源晶振。

7. 实时时钟

——内部实时时钟（带后备锂电池）。

8. 扩展接口

——1 个 34 针 2.0 mm GPIO 接口；
——1 个 44 针 2.0 mm 系统总线接口。

9. 规格尺寸

——120 mm×100 mm。

10. 操作系统支持

——Linux2.6.30；
——WinCE.NET 5.0。

四、用户光盘资源说明

（1）ADS1.2 安装程序。
（2）H－JTAG 调试软件。
（3）串口工具 dnw。
（4）图片转 C 语言数组工具。
（5）USB 驱动（WindowsXP/2000 下安装使用）。
（6）uboot、Eboot 源代码，用于 GT2440 的 bootloder（完成硬件设备的启动）。
（7）最简单的测试程序（包含 ADS1.20 的项目文件），用于点亮板上的 LED 灯。
（8）GT2440_Test 测试程序（包含 ADS1.20 的项目文件，全部源代码），测试项目包括：

中断方式按键测试，RTC 实时时钟测试，ADC 数/模转换测试，IIS 音频播放 wav 测试，IIS 音频录音测试，触摸屏测试，I²C 总线读写 AT24C08 测试，3.5 英寸 LCD 测试等。

（9）μCOS－II 系统源代码。

（10）WinCE BSP 和示例项目文件。

（11）Linux 开发工具和内核源代码包：

——arm－linux－gcc－3.4.5 编译 uboot 使用；

——arm－linux－gcc－4.3.3 编译内核和 Qtopia 使用；

——yaffs2 文件系统映像制作工具 mkyaffs2image；

——linux－2.6.30 for GT2440V3 内核源代码（包含 CS8900 驱动、各种真彩液晶驱动、声卡驱动、触摸屏驱动、YAFFS 源代码、SD 卡驱动、RTC 驱动、扩展串口驱动、各种 USB 摄像头驱动、USB 鼠标和键盘、优盘驱动等）。

（12）嵌入式图形界面 Qtopia 源代码包，嵌入式浏览器源代码包。

（13）Linux 示例代码及 Qtopia 应用程序源代码。

（14）SPS for GT2440 游戏系统镜像。

（15）开发板原理图（Protel99SE 格式/PDF 格式）。

（16）用户手册（PDF 格式）。

五、硬件资源分配

1. 地址空间分配和片选信号定义

S3C2440 支持两种启动模式：一种是从 Nand Flash 启动；一种是从 Nor Flash 启动。在这两种启动模式下，各个片选的存储空间分配是不同的，如图 3－5－7 所示。

图 3－5－7 中，左边是 nGCS0 片选的 Nor Flash 启动模式下的存储分配图；右边是 Nand Flash 启动模式下的存储分配图；

说明：SFR Area 为特殊寄存器地址控制。

下面是器件地址空间分配和其片选定义。在进行器件地址说明之前，有一点需要注意，nGCS0 片选的空间在不同的启动模式下，映射的器件是不一样的。由上图可以知道：

（1）在 Nand Flash 启动模式下，内部的 4 KB BootSram 被映射到 nGCS0 片选的空间。

（2）在 Nor Flash 启动模式下（非 Nand Flash 启动模式），与 nGCS0 相连的外部存储器 Nor Flash 就被映射到 nGCS0 片选的空间，SDRAM 地址空间为：0×30000000～0×34000000。

2. 跳线说明

GT2440 开发板上有两个跳线：J1 和 J6。

1）J1 的用法

J1 用于启动模式选择，跳线方法见“启动模式选择”内容。

2）J6 的用法

如图 3－5－8 所示，对照 GT2440，当跳线选择 5 V 一侧的两针时，将为 LCD 模块提供 5 V 供电；当跳线选择 3.3 V 一侧的两针时，将为 LCD 模块提供 3.3 V 供电。随机配套的原装屏请选择 5 V。

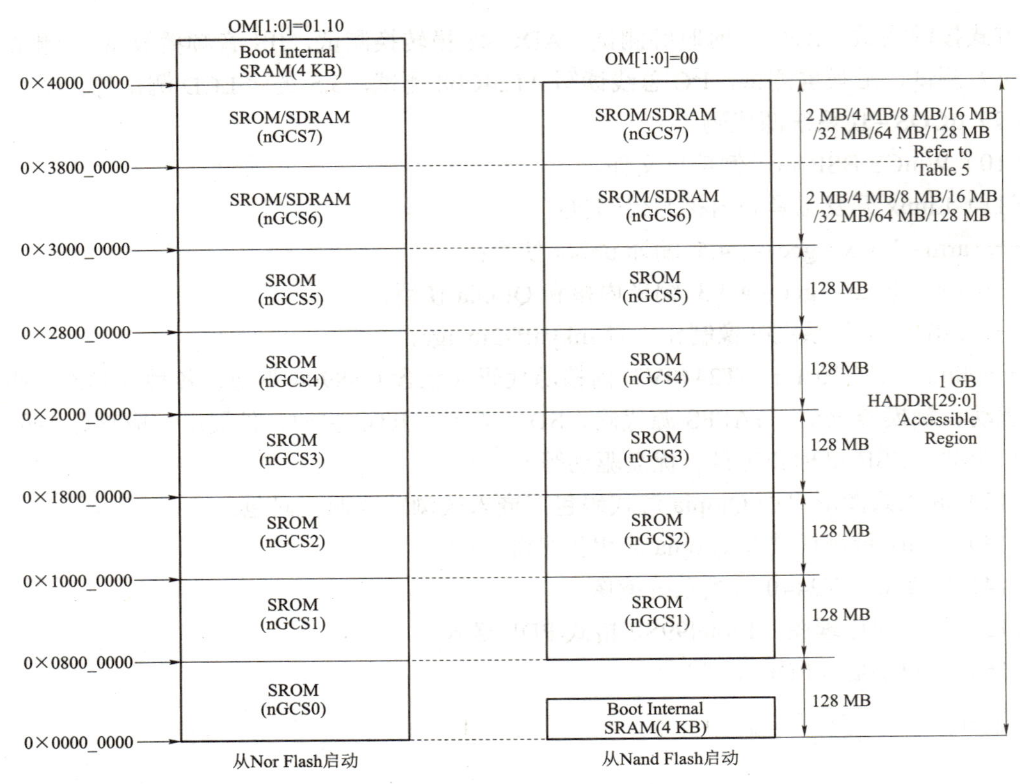

图 3－5－7　地址分配

3. 接口说明

接口说明如图 3－5－8 所示。

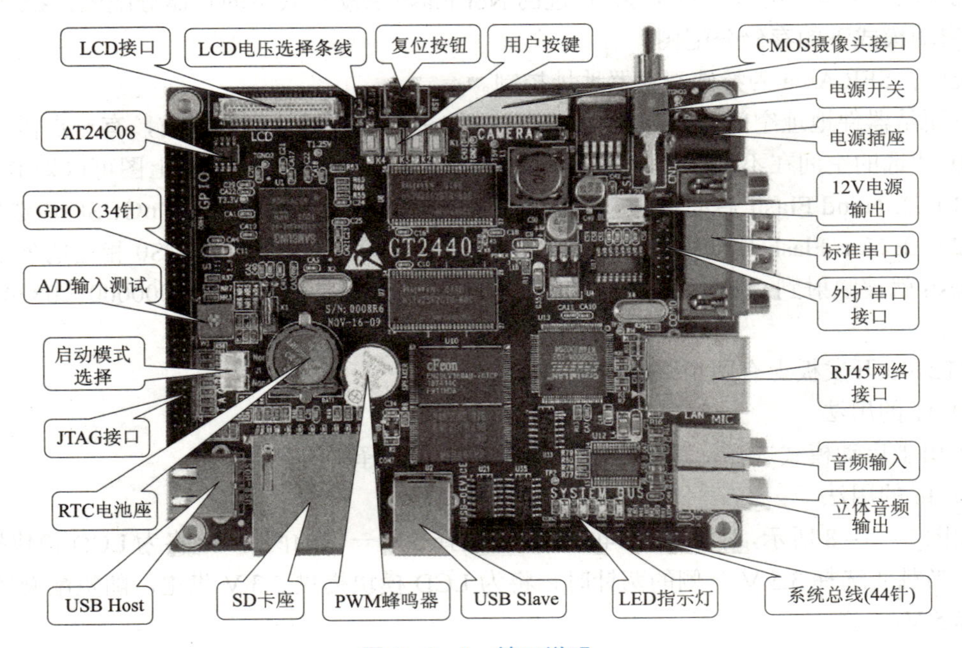

图 3－5－8　接口说明

六、WinCE 特性

1. 版本

——WinCE.net 5.0。

2. 特性

——CS8900 网卡稳定驱动源代码；

——USB 键盘、USB 鼠标驱动、优盘、移动硬盘等；

——串口 0 驱动；

——USB ActiveSync；

——声音驱动；

——SD 卡驱动；

——实时时钟；

——注册表保存。

3. 缺省系统特性（简体中文系统）

——XP 界面风格；

——Windows Media Player 9.0（支持 MP3、MPEG2、MPEG4、WMV、WAV 等）；

——超级播放器；

——图片浏览器、写字板；

——IE6 浏览器；

——ftp、telnet、httpd 服务；

——Flash 剩余空间掉电保存数据。

注：本开发板的启动模式选择，是通过 J1 跳线来决定的。

根据目标板提示：

J1 接到 Nor Flash 标识一侧时，系统将从 Nor Flash 启动；

J1 接到 Nand Flash 标识一侧时，系统将从 Nand Flash 启动。

（为了方便选择启动模式，我们已经将模式选择引至液晶面板底侧的拨动开关）

出厂的时候开发板的 Nor Flash 和 Nand Flash 已经烧入了相同的 BIOS（因为该 BIOS 同时支持这两种 Flash，只是开机后表现形式不同，请参考“开发板 BIOS 功能及使用说明”内容），J1 已经被接到 Nand Flash 一侧，系统一开机就从 Nand Flash 启动运行系统。

任务六　J-Link ARM JTAG 仿真器

【目标】

掌握 J-Link ARM JTAG 的原理和编程方法。

【工作任务】

（1）J-Link ARM JTAG 仿真器简介。

（2）J-Link 驱动安装。

（3）J-Link（JLINK）在各个主流开发环境下的设置。

J-Link ARM JTAG 仿真器

（4）J－Flash ARM 使用设置。

【相关知识】

一、J－Link ARM JTAG 仿真器简介

J－Link 是 SEGGER 公司为支持仿真 ARM 内核芯片推出的 JTAG 仿真器。配合 IAR EWARM、ADS、KEIL、WINARM、RealView 等集成开发环境支持所有 ARM7/ARM9 内核芯片的仿真，通过 RDI 接口和各集成开发环境无缝连接，操作、连接方便，简单易学，是学习开发 ARM 最好最实用的开发工具。

1. J－Link ARM 的主要特点

（1）IAR EWARM 集成开发环境无缝连接 JTAG 仿真器。

（2）支持所有 ARM7/ARM9 内核的芯片，以及 cortex M3，包括 Thumb 模式。

（3）支持 ADS、IAR、KEIL、WINARM、RealView 等几乎所有的开发环境。

（4）下载速度高达 ARM7：600 KB/s，ARM9：550 KB/s，通过 DCC 最高可达 800 KB/s。

（5）最高 JTAG 速度为 12 MHz。

（6）目标板电压范围为 1.2～3.3 V。

（7）自动速度识别功能。

（8）监测所有 JTAG 信号和目标板电压。

（9）完全即插即用。

（10）使用 USB 电源（但不对目标板供电）。

（11）带 USB 连接线和 20 芯扁平电缆。

（12）支持多 JTAG 器件串行连接。

（13）标准 20 芯 JTAG 仿真插头。

（14）选配 14 芯 JTAG 仿真插头。

（15）选配用于 5 V 目标板的适配器。

（16）带 J－Link TCP/IP Server，允许通过 TCP/IP 网络使用 J－Link。

2. J－Link 支持 ARM 内核

（1）ARM7TDMI（Rev 1）。

（2）ARM7TDMI（Rev 3）。

（3）ARM7TDMI－S（Rev 4）。

（4）ARM720T。

（5）ARM920T。

（6）ARM926EJ－S。

（7）ARM946E－S。

（8）ARM966E－S。

3. 速度信息

速度信息如图 3－6－1 所示。

二、J－Link 驱动安装

首先到 http://www.segger.com/download_jlink.html 下载最新的 J－Link 驱动软件：

版本	ARM7 下载速度	ARM9 下载速度
J-Link Rev. 1-4	150.0 KB/s (4MHz JTAG)	75.0 KB/s (4MHz JTAG)
J-Link Rev. 5-8	720.0 KB/s (12MHz JTAG)	550.0 KB/s (12MHz JTAG)
J-Trace Rev. 1	420.0 KB/s (12MHz JTAG)	280.0 KB/s (12MHz JTAG

图 3－6－1　J－Link 速度信息

J－Link ARM software and documentation pack，内含 USB driver、J－Mem、J－Link.exe、DLL for ARM、J－Flash、J－Link RDI。

只要将下载的 ZIP 包解压，然后直接安装或默认安装即可。其安装步骤如图 3－6－2～图 3－6－6 所示。

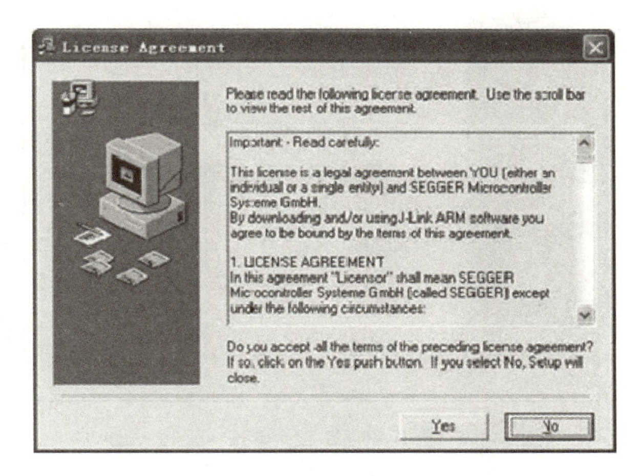

图 3－6－2　步骤 1

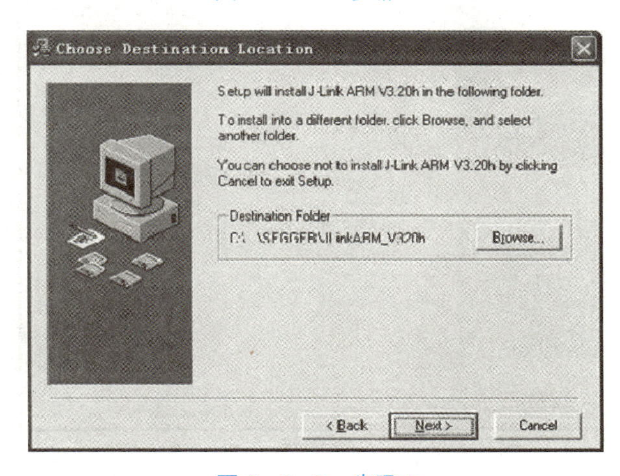

图 3－6－3　步骤 2

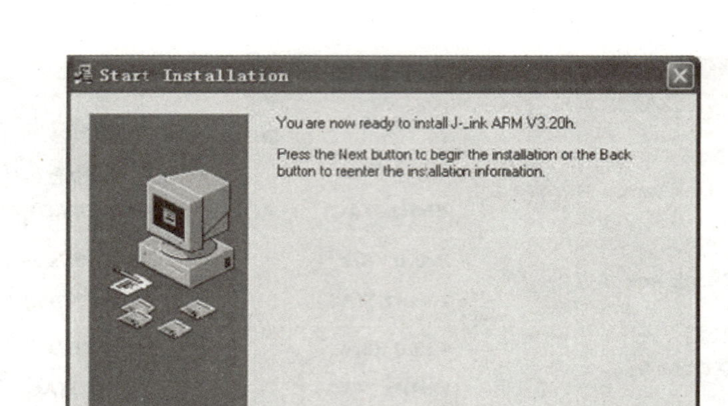

图 3－6－4　步骤 3

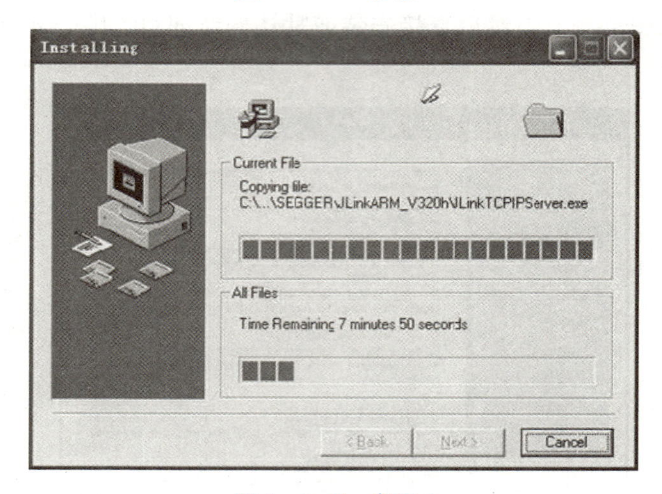

图 3－6－5　步骤 4

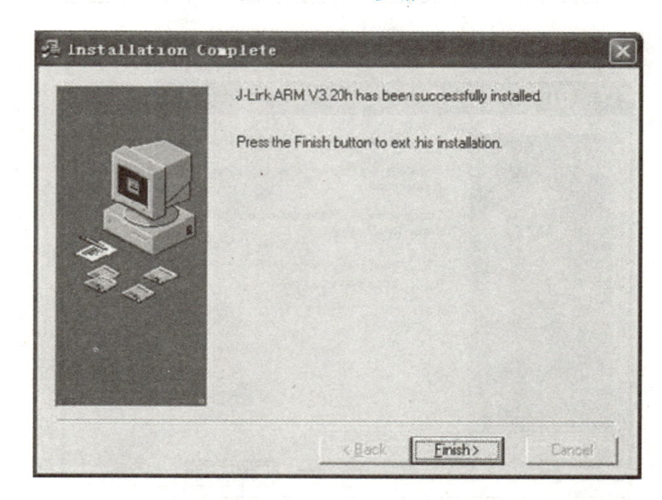

图 3－6－6　步骤 5

安装正确后，在桌面会出现如图 3-6-7 所示图标。

图 3-6-7　J-Link 图标

安装完成后，请插入 JLINK 硬件，然后系统提示发现新硬件，一般情况下会自动安装驱动，如果没有自动安装，请选择手动指定驱动程序位置（安装目录），然后将驱动程序位置指向 JLINK 驱动软件的安装目录下的 Driver 文件夹，驱动程序就在该文件夹下。

安装完成后桌面会出现两个快捷图标，J-Link ARM 可以用来进行设置和测试，J-Link 的测试数据（在 7X256 EK 上测试）如图 3-6-8 所示。

图 3-6-8　J-Link 的测试数据

图 3-6-8　J-Link 的测试数据（续）

三、J-Link（JLINK）在各个主流开发环境下的设置

KEIL 开发环境如图 3-6-9 所示。

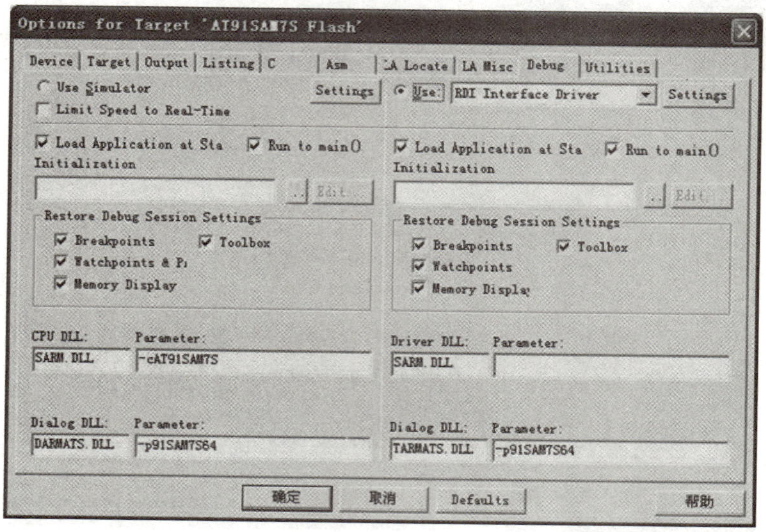

图 3-6-9　安装

选择“RDI Interface Driver”，然后单击“Settings”按键，弹出如图 3-6-10 所示界面。

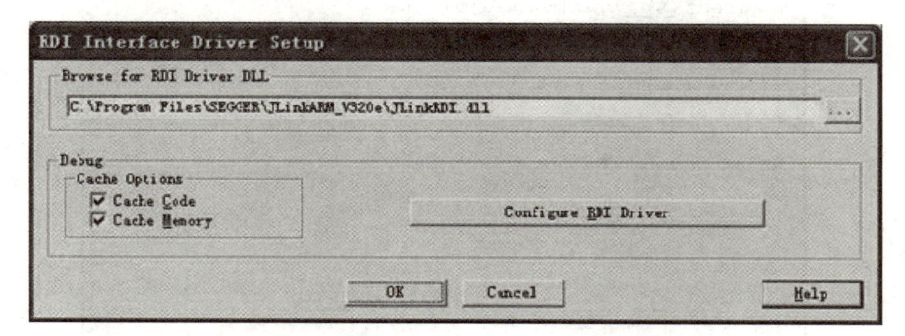

图 3-6-10　“RDI Interface Driver Setup”界面

单击“…”按键，指向 JLINK 安装目录。单击“Configure RDI Driver”按键出现以下几个选项卡：

（1）“General”选项卡设置，如图 3-6-11 所示。

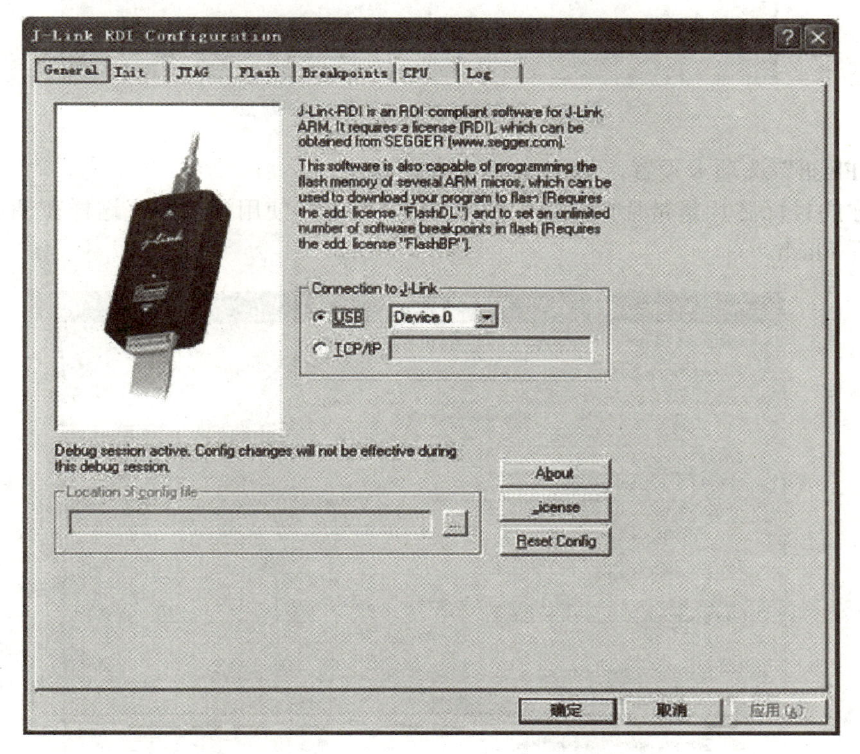

图 3-6-11　“General”选项卡设置

如果是本机调试，直接使用 USB 口即可；如果是在局域网内调试，可以选中“TCP/IP”，然后指定一个挂接了 J-Link 的 PC 的 IP 地址。

（2）“JTAG”选项卡设置，如图 3-6-12 所示。

设置 JTAG 速度，如果是-S 内核，建议使用 Auto 方式，如果是非-S 内核，可以直接使用最高速度 12 M。使用过程中如果出现不稳定情况，可以将 JTAG 时钟速度适当调低。

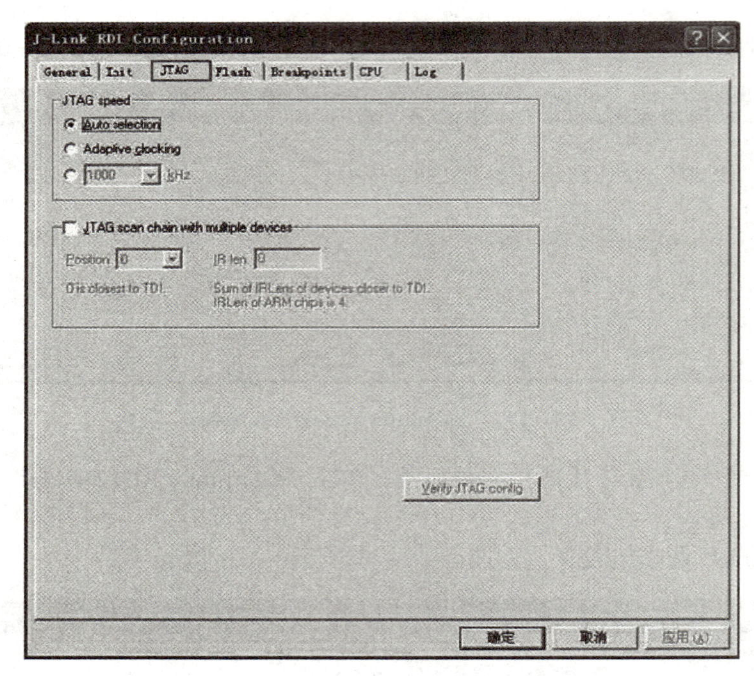

图 3－6－12 “JTAG”选项卡设置

（3）“Flash”选项卡设置，如图 3－6－13 所示。

如果你的目标芯片是带片内 Flash 的 ARM，就可以使用该功能，这样在调试前 J－Link 就会先编程 Flash。

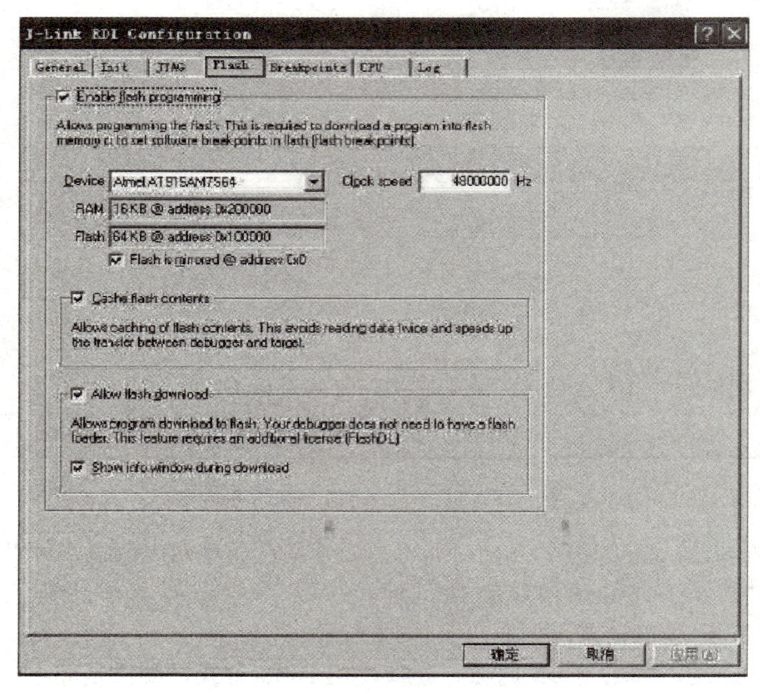

图 3－6－13 “Flash”选项卡设置

（4）“Breakpoints”选项卡设置，如图 3-6-14 所示。

使用软件断点，如果是带片内 Flash 的 ARM，建议使用该功能，可以打上 n 个断点，方便调试。

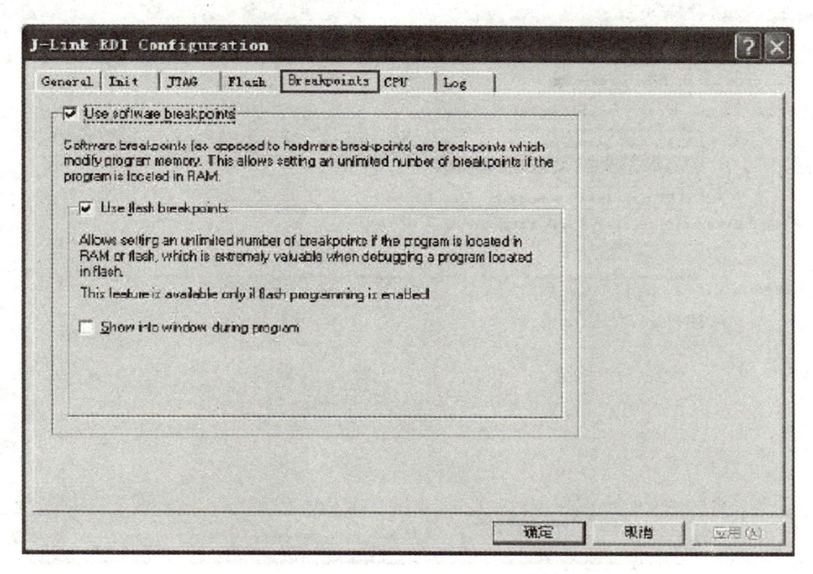

图 3-6-14　“Breakpoints”选项卡设置

（5）“CPU”选项卡设置，如图 3-6-15 所示。

在这里可以设置 Reset 策略，有好几种 Reset 策略可选，同时可以设置 Reset 后的延迟时间，这个设置对于需要较长复位时间的芯片较为有用，如 AT91RM9200。

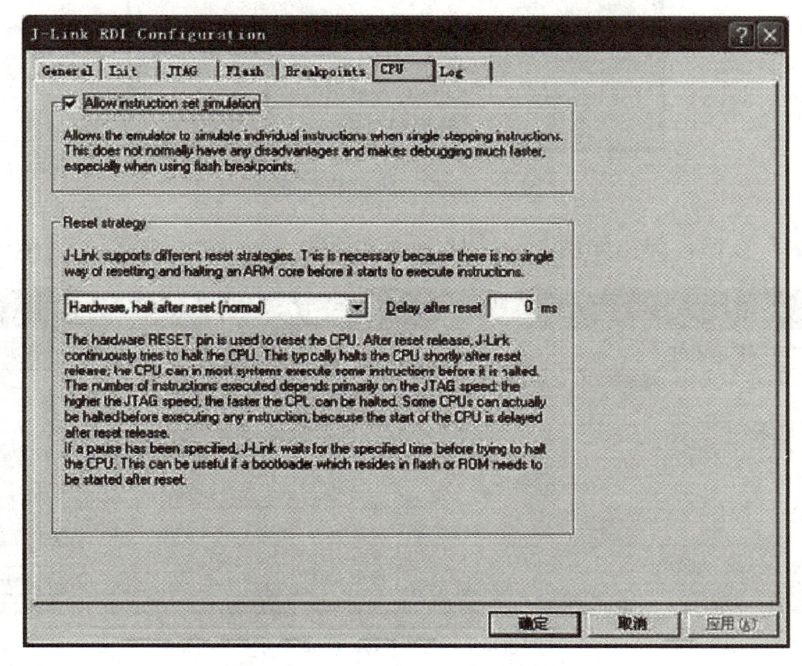

图 3-6-15　“CPU”选项卡设置

以上设置是用 JLINK 进行 Debug 的设置，如果要使用 KEIL 提供的 ，即“DOWNLOAD”功能，则还需要在“Utilities”菜单里面进行和“Debug”一样的设置，如图 3－6－16 所示。

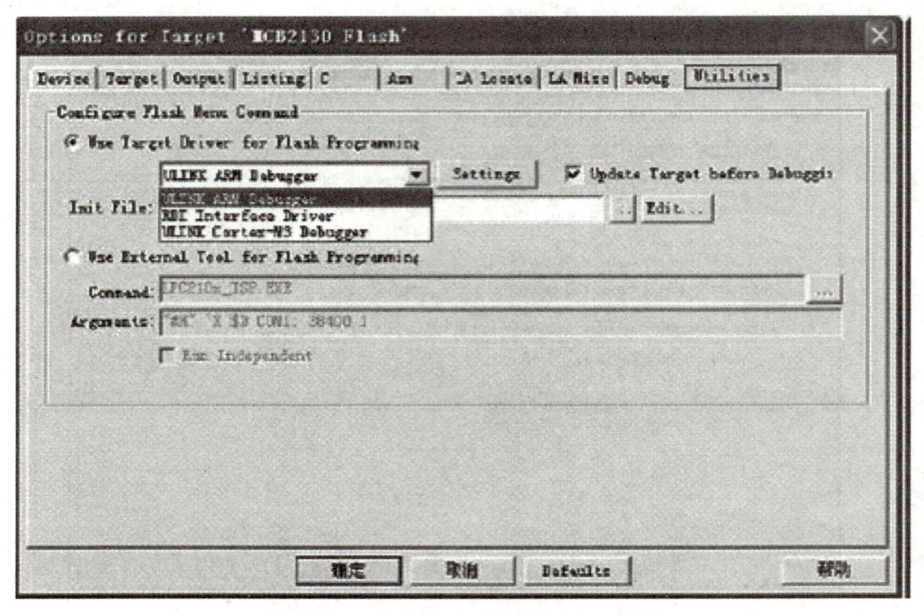

图 3－6－16 “Utilities”选项卡设置

选择“RDI Interface Driver”，然后单击“Settings”按键，弹出如图 3－6－17 所示对话框。

图 3－6－17 闪存程序选择

单击“OK”按键，弹出如图 3－6－18 所示对话框。

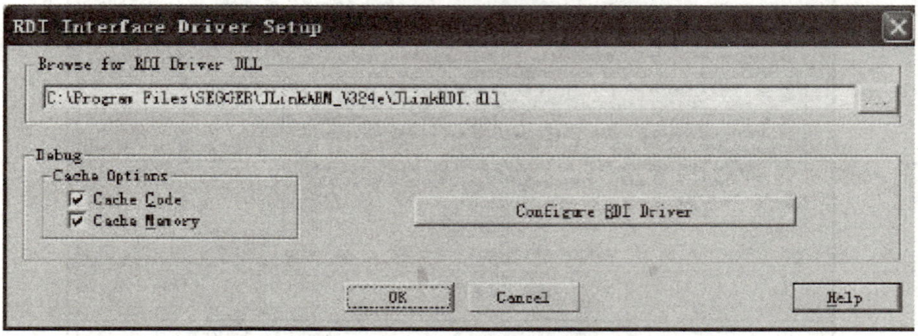

图 3－6－18 RDI 驱动设置

接下来的设置就同“Debug”下设置一样了。完成以上设置后，就可以通过“LOAD”按键进行直接下载。注意：该功能只支持具备片内 Flash 的 ARM7/ARM9 芯片。

四、在 ADS 下使用设置

（1）单击“Add”按键，选择“JLinkRDI.dll”，如图 3－6－19 所示。

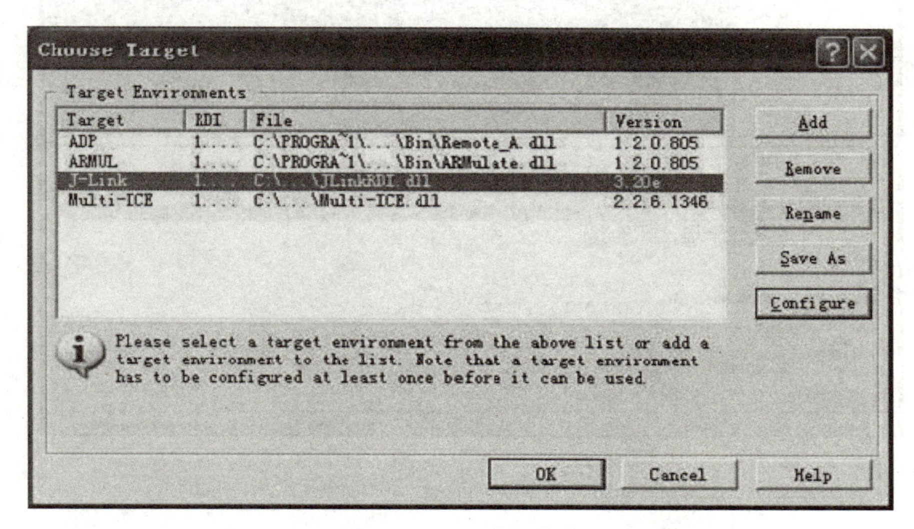

图 3－6－19　选择安装

（2）单击“Configure”按键，出现如图 3－6－20 所示内容。

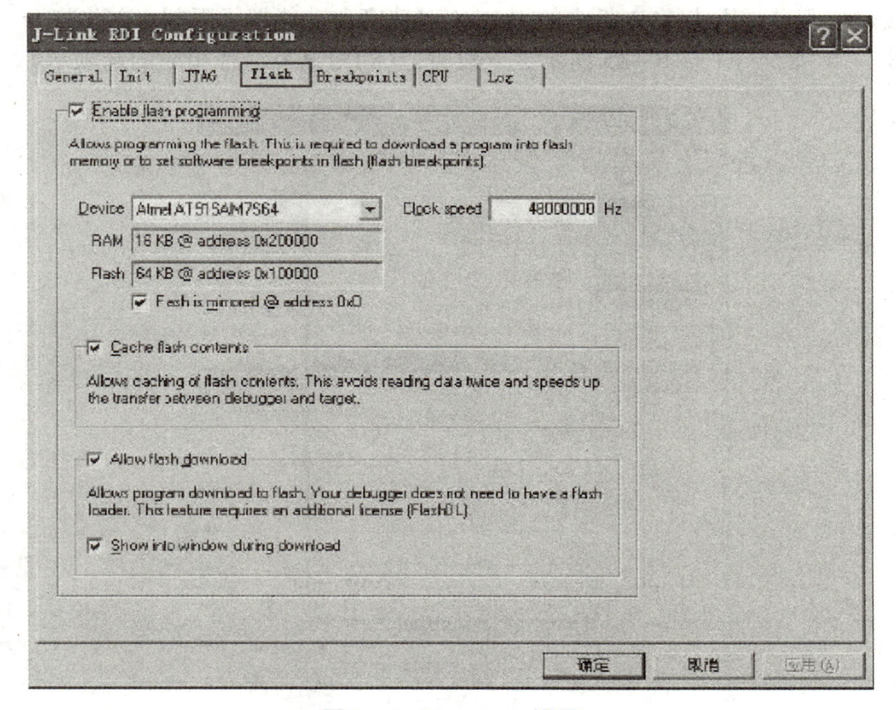

图 3－6－20　Flash 设置

（3）单击“确定”按键，进入 AXD 信息（注意 LOG FILE 的内容），如图 3－6－21 所示。

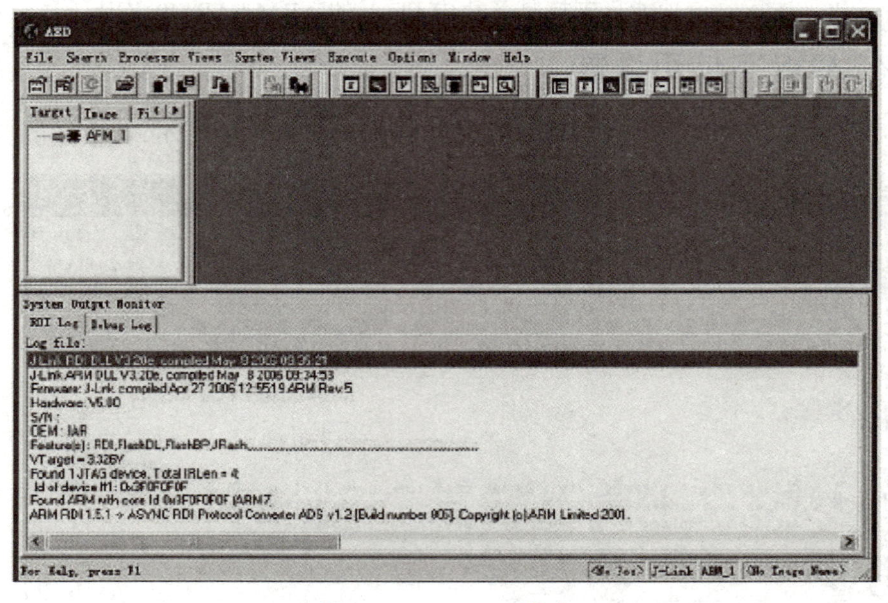

图 3－6－21　AXD 信息

五、IAR 开发环境

在 IAR 既可以使用 IAR 提供的 JLINK 驱动，也可以使用 RDI 接口驱动的情况下，推荐使用 RDI 接口的驱动，因为 IAR 版本的 JLINK 对速度和功能做了限制。首先打开一个工程，然后按照图 3－6－22～图 3－6－25 所示进入设置。（利用 ◀▶ 选择相应的选项卡）

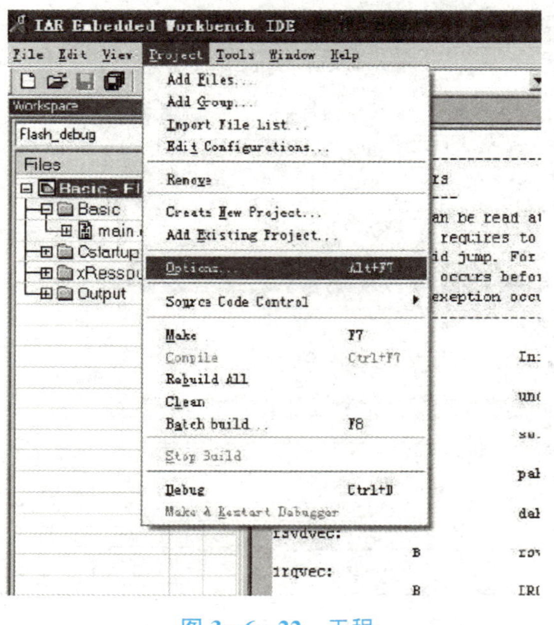

图 3－6－22　工程

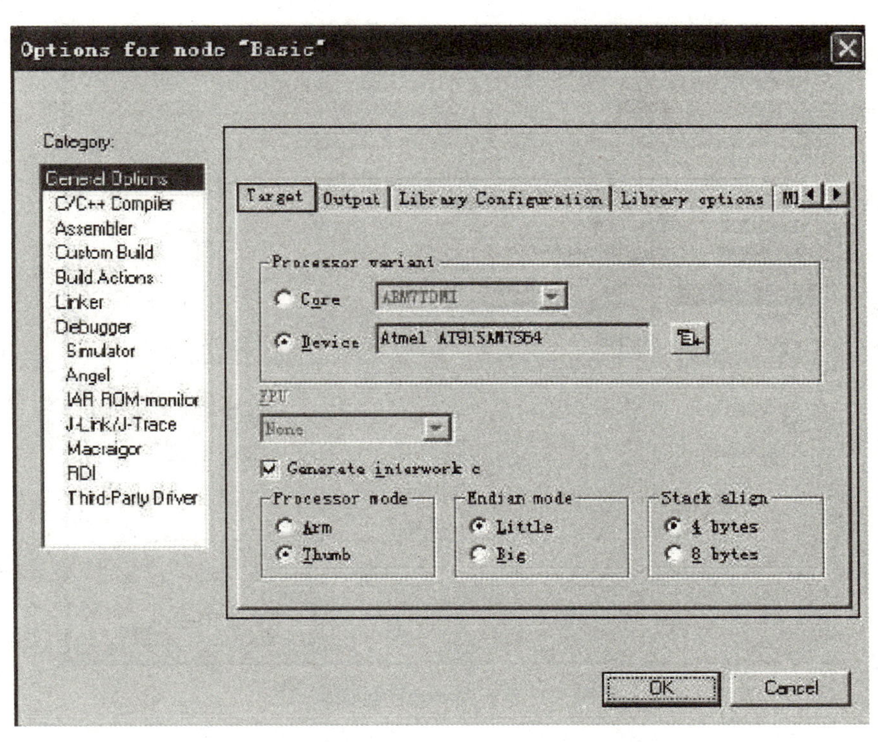

图 3-6-23　“Target”属性设置

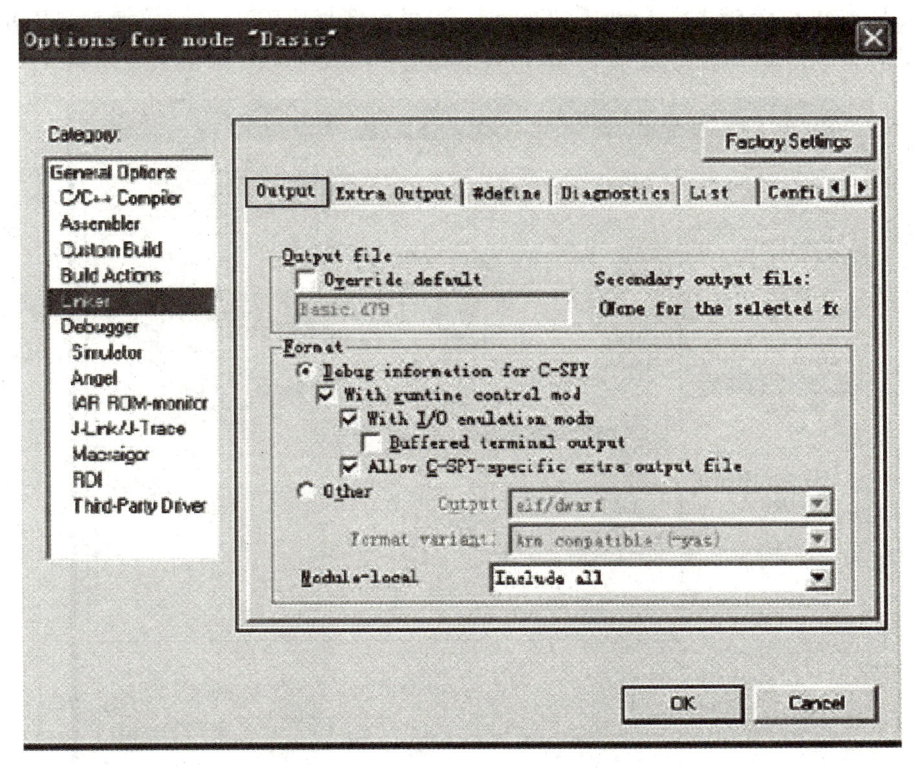

图 3-6-24　“Output”属性设置

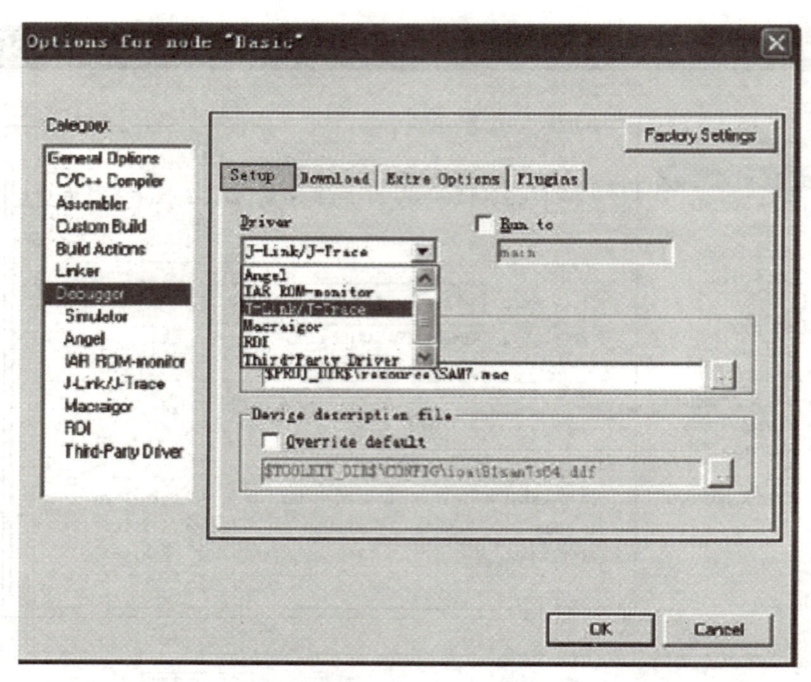

图 3－6－25 “Setup”属性设置

如果购买的是 IAR 版本的 JLINK，请选择“J－Link/J－Trace”；如果购买的是全功能版本 JLINK，则既可以选择“J－Link/J－Trace”，也可以选择“RDI”，建议选择“RDI”，以提升性能，如图 3－6－26 所示。

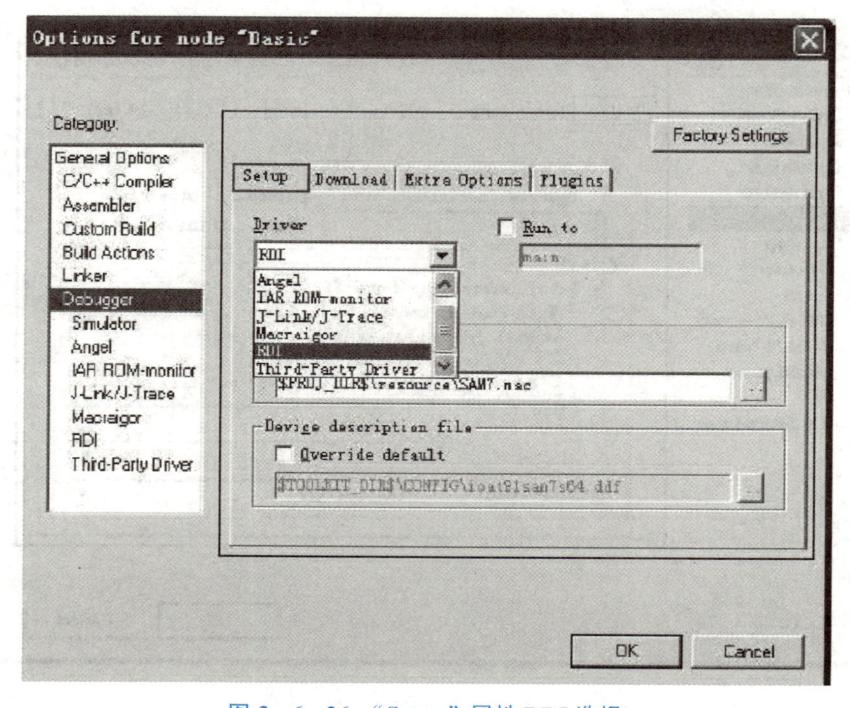

图 3－6－26 “Setup”属性 RDI 选择

如果选择“J-Link/J-Trace”，则无须额外设置，如图 3-6-27 所示。

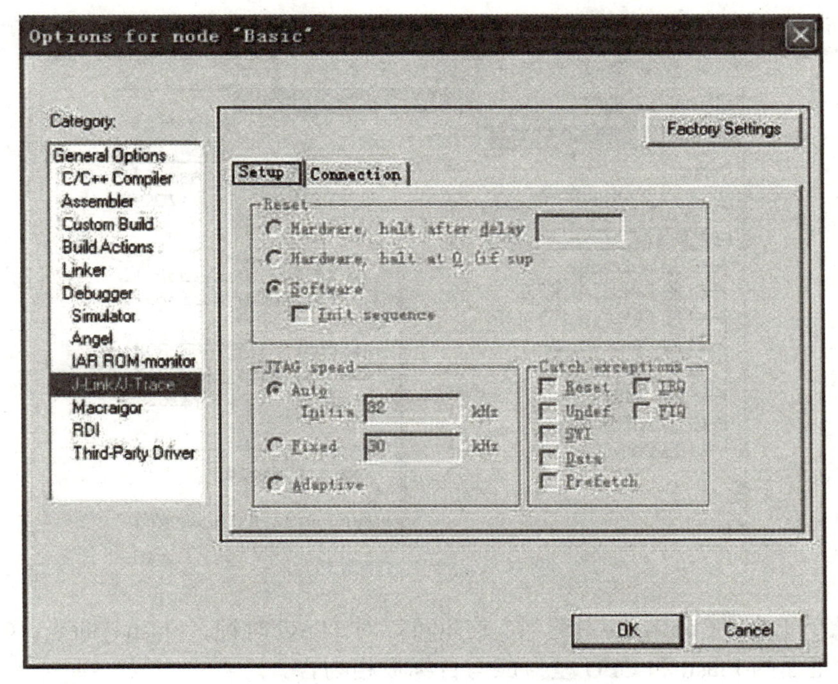

图 3-6-27 “Setup”属性 J-Link/J-Trace 选择

如果选择“RDI”，则还需要指定 JLinkRDI.dll 的位置，如图 3-6-28 所示。

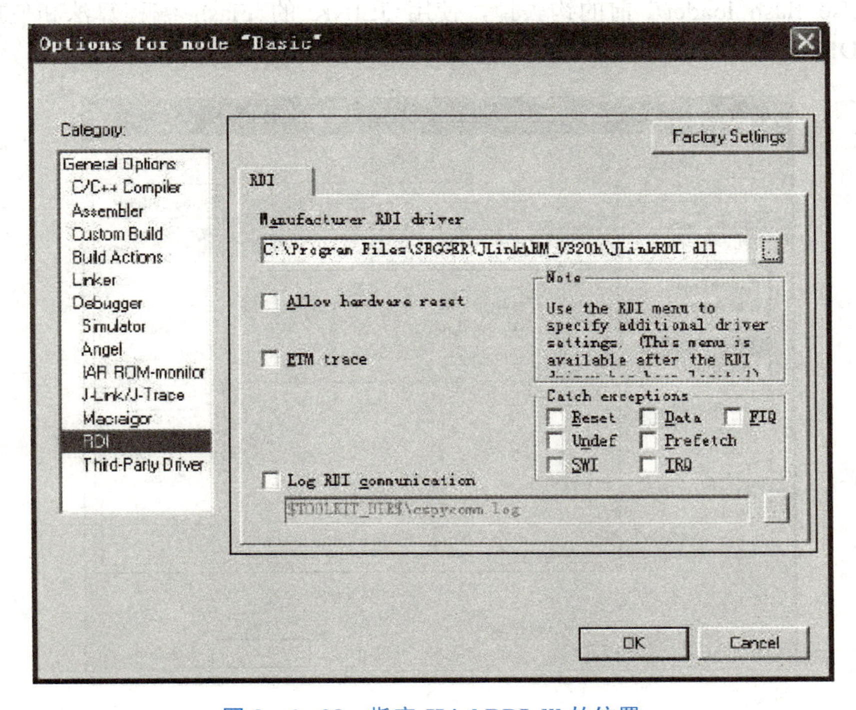

图 3-6-28　指定 JLinkRDI.dll 的位置

设置完成后将多出一个 RDI 菜单，如图 3-6-29 所示。

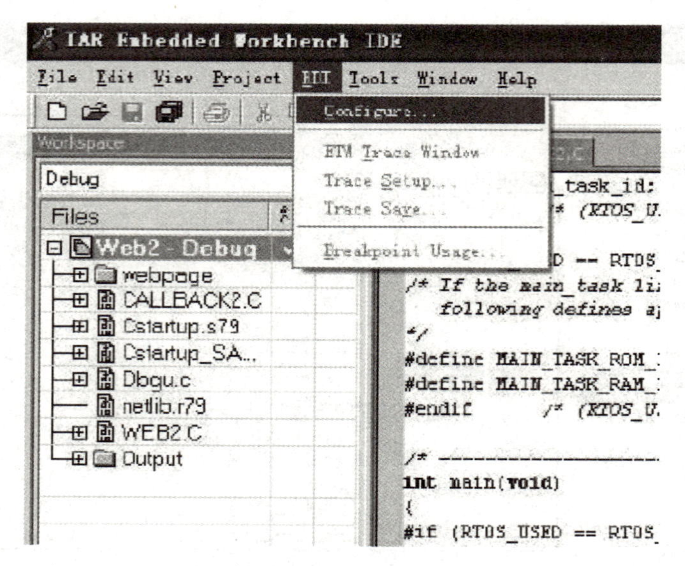

图 3-6-29　RDI 菜单

在 RDI 菜单下有“Configure”选项，这里可以对 JTAG 时钟、Flash、断点、CPU 等进行设置，请注意里面的 Flash 和 CPU 型号应与目标板相吻合。

另外，IAR 下使用 JLINK 的时候，注意不要再使用 IAR 自带的 FLASHLOADER 软件进行 Flash 下载。

请将“Use flash loader”前的钩去掉，使用 JLINK 的 Flash 编程算法和使用 IAR 的 FLASHLOADER 软件相比，速度可能差好几倍！如图 3-6-30 所示。

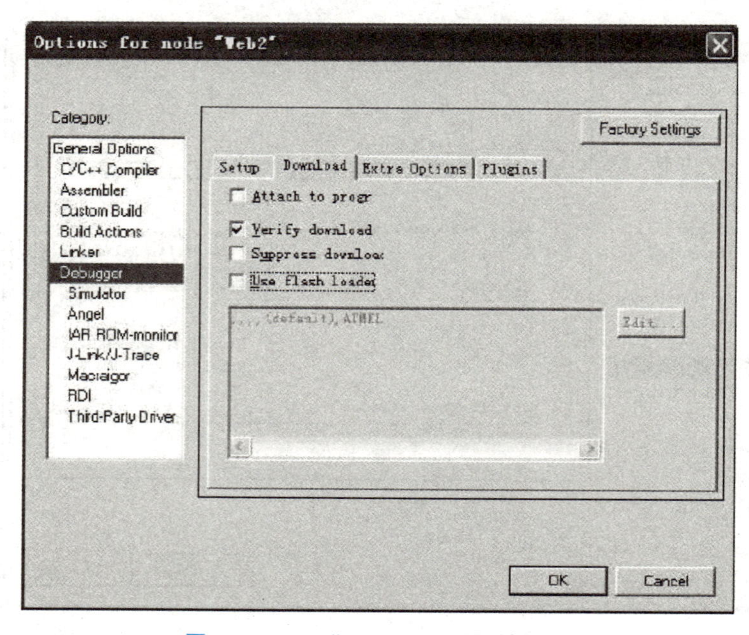

图 3-6-30　“Download”属性设置

六、J－Flash ARM 使用设置

（1）安装完 JLINK 的驱动后会出现两个快捷图标，其中一个是 J－Flash ARM，这个应用程序是用来单独编程 Flash 的（需要 J－Flash ARM License 支持），如图 3－6－31 所示。

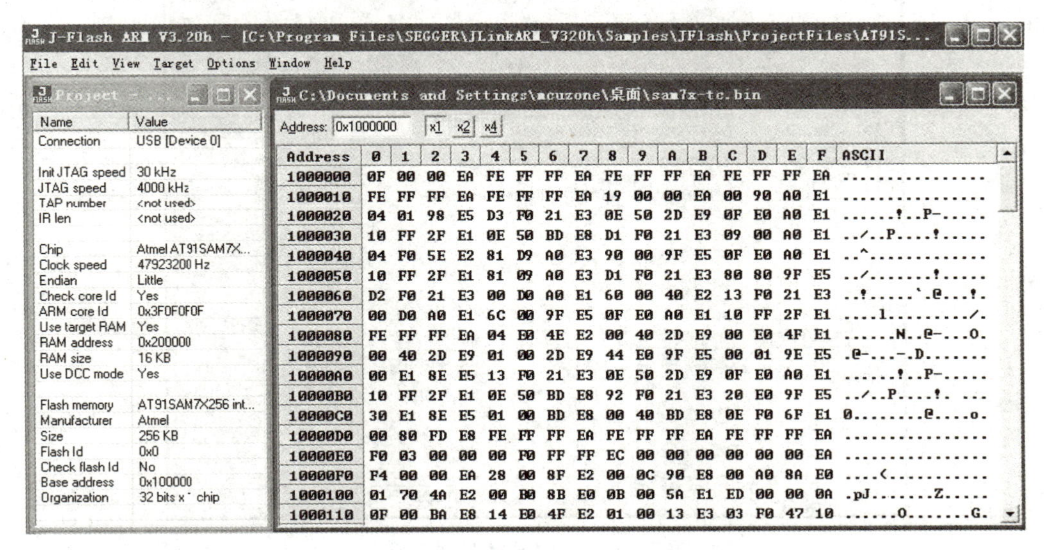

图 3－6－31　J－Flash ARM 工作界面

（2）首次使用的时候应该在“File”菜单下选择“Open Project”，然后选择你的目标芯片，如图 3－6－32 所示。

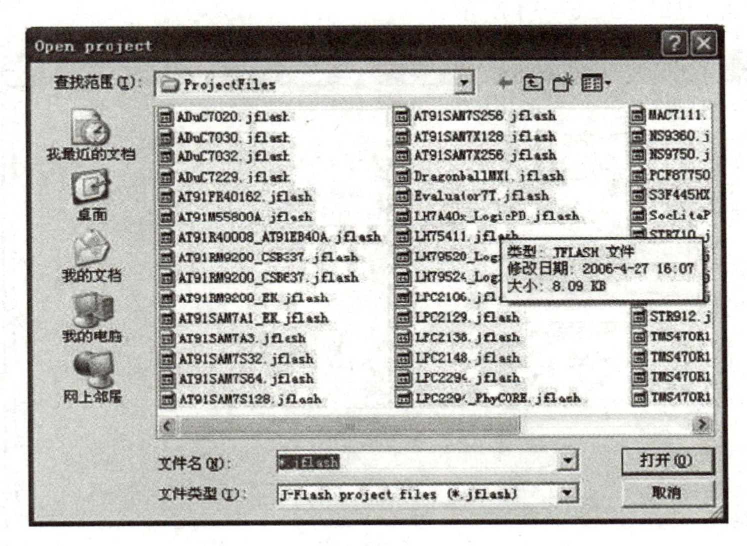

图 3－6－32　打开工程

（3）然后通过“File”菜单下的“Open…”命令来打开需要烧写的文件，可以是.bin 格式，也可以是.hex 格式，甚至可以是.mot 格式。注意起始地址。接下来在“Options”下选择“Project settings”命令，弹出如图 3－6－33 所示设置界面。

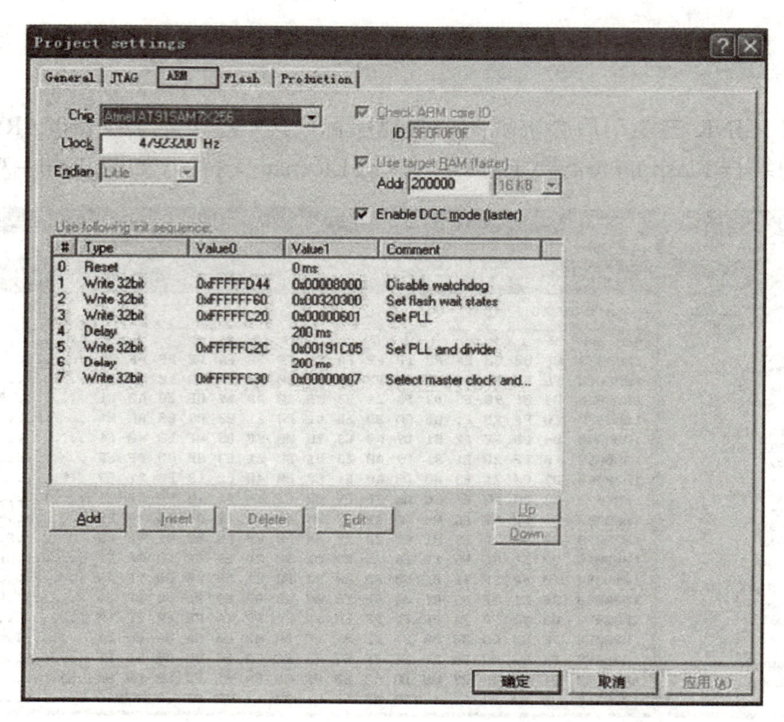

图 3-6-33　ARM 工程设置

在“ARM”选项卡可以选择目标芯片，如果不是具备片内 Flash 芯片时请选择“Generic ARM7/ARM9”。

（4）Flash 设置，如图 3-6-34 所示。

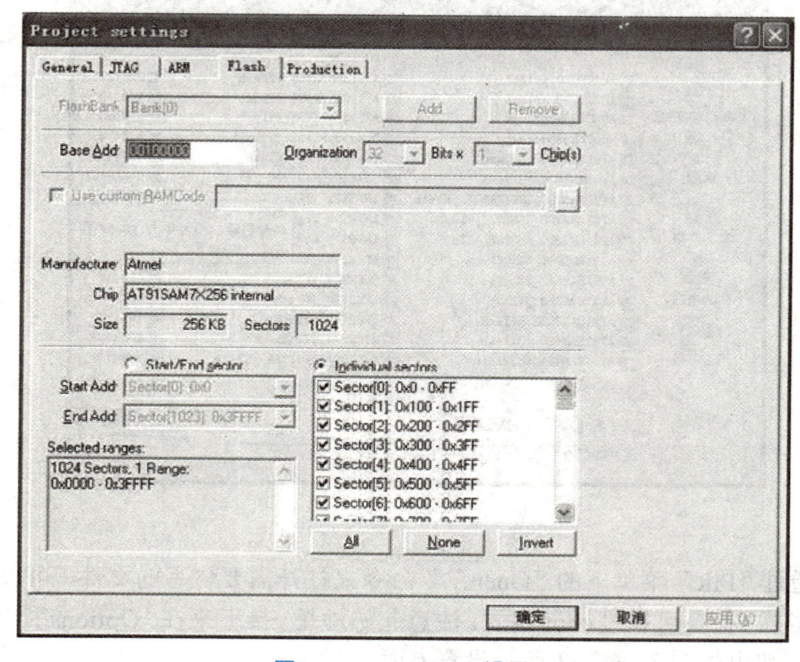

图 3-6-34　Flash 设置

对于“Flash”选项卡，如果之前是“Open project”，这里就不需要设置，默认即可，如果是自己新建的project，则需要小心设置。如果前面的“ARM”选项卡里选择的是“Generic ARM7/ ARM9”，则可以在“Flash”选项卡里面选择Flash型号，如图3–6–35所示。

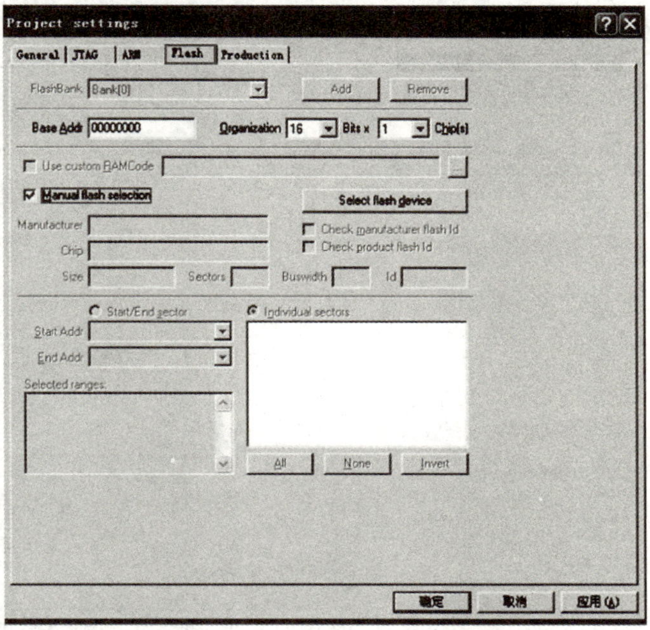

图3–6–35　Flash型号选择

（5）选择Flash驱动，如图3–6–36所示。

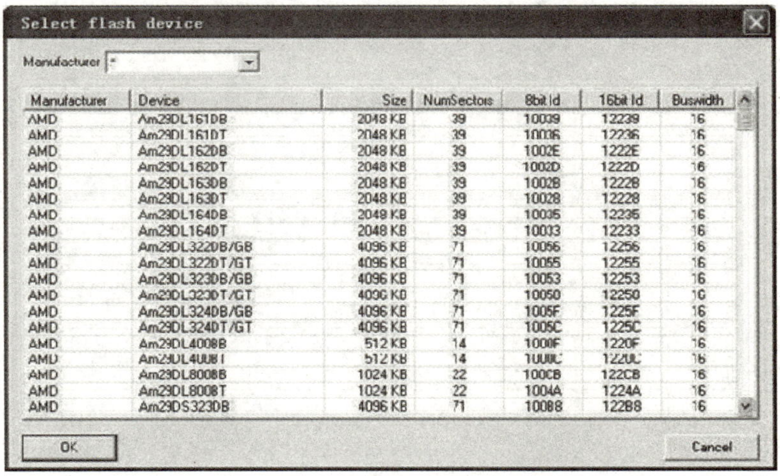

图3–6–36　Flash驱动

设置好之后，就可以到Target里面进行操作，一般步骤是选择“Connect”→“Erase Chip”→“Program”，可以自己慢慢体会。

大部分芯片还可以加密，主要的操作都在“Target”菜单下完成。

从 3.30g 版本开始，J－Flash ARM 开始支持 XScale，如图 3－6－37 所示。

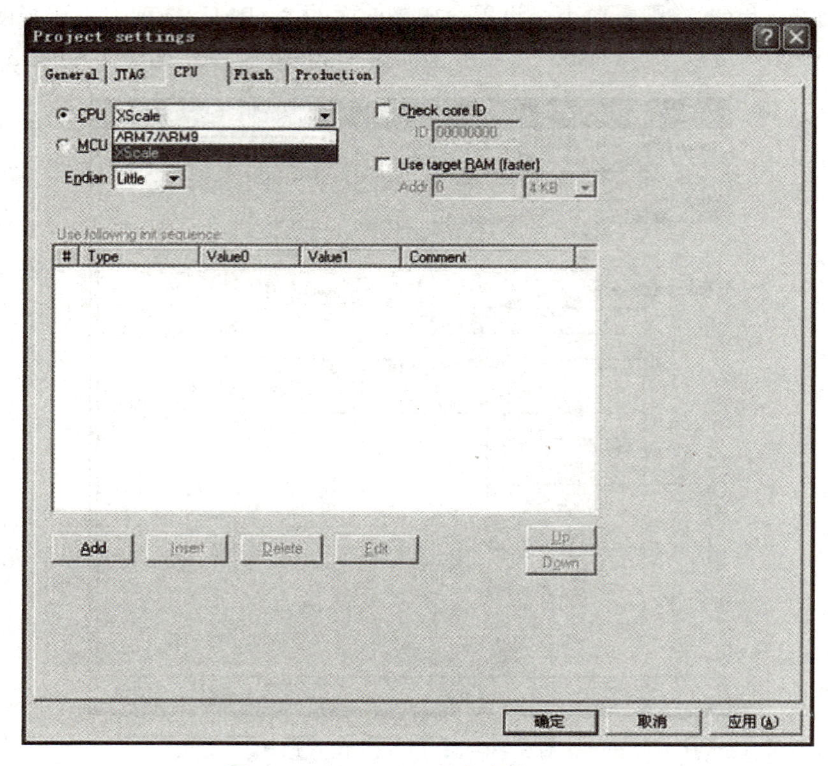

图 3－6－37　3.30g 版本支持 XScale